Weber · 5 vor Berichterstattung

Online-Version inklusive!

Stellen Sie dieses Buch jetzt in Ihre „digitale Bibliothek" in der NWB Datenbank und nutzen Sie Ihre Vorteile:

- Ob am Arbeitsplatz, zu Hause oder unterwegs: Die Online-Version dieses Buches können Sie jederzeit und überall da nutzen, wo Sie Zugang zu einem mit dem Internet verbundenen PC haben.
- Die praktischen Recherchefunktionen der NWB Datenbank erleichtern Ihnen die gezielte Suche nach bestimmten Inhalten und Fragestellungen.
- Die Anlage Ihrer persönlichen „digitalen Bibliothek" und deren Nutzung in der NWB Datenbank online ist kostenlos. Sie müssen dazu nicht Abonnent der Datenbank sein.

Ihr Freischaltcode: HPQAEVQEGXTLJDQTLQ

Weber, 5 vor Berichterstattung

So einfach geht's:

① Rufen Sie im Internet die Seite **www.nwb.de/go/online-buch** auf.

② Geben Sie Ihren Freischaltcode ein und folgen Sie dem Anmeldedialog.

③ Fertig!

Die NWB Datenbank – alle digitalen Inhalte aus unserem Verlagsprogramm in einem System.

www.nwb.de

NWB Bilanzbuchhalter

5 vor Berichterstattung

Endspurt zur Bilanzbuchhalterprüfung

Von
Diplom-Finanzwirt (FH) Martin Weber

nwb

Kein Produkt ist so gut, dass es nicht noch verbessert werden könnte. Ihre Meinung ist uns wichtig! Was gefällt Ihnen gut? Was können wir in Ihren Augen noch verbessern? Bitte verwenden Sie für Ihr Feedback einfach unser Online-Formular auf:

www.nwb.de/go/feedback_bwl

Als kleines Dankeschön verlosen wir unter allen Teilnehmern einmal pro Quartal ein Buchgeschenk.

ISBN 978-3-482-**69401**-1 (online)
ISBN 978-3-482-**63391**-1 (print)

www.nwb.de

Satz: Griebsch & Rochol Druck GmbH & Co. KG, Hamm

Druck: Stückle Druck und Verlag, Ettenheim

VORWORT

Die Prüfung zum Weiterbildungsabschluss „Geprüfter Bilanzbuchhalter/Geprüfte Bilanzbuchhalterin" wird seit 1927 durchgeführt und gehört somit zu den kaufmännischen Fortbildungsprüfungen mit der längsten Tradition. Gemessen an der Zahl der jährlichen Prüfungsteilnehmer zählt diese Prüfung zudem seit Jahren zu den wichtigsten jedoch auch zu den schwierigsten kaufmännischen Weiterbildungsabschlüssen mit durchschnittlichen Durchfallquoten von bis zu 50 %.

Ende 2007 wurde die bisherige Prüfungsverordnung durch eine neue Verordnung abgelöst. Die Prüfung besteht nun aus drei Teilen: Prüfungsteil A, B und C. Das Bestehen von Prüfungsteil A ist notwendig, um die Prüfungsleistungen des Teils B ablegen zu dürfen und es müssen zudem die Teile A und B bestanden sein, um die mündliche Prüfung, Teil C, ablegen zu können.

Nachdem Prüfungsteil A hoffentlich erfolgreich absolviert wurde, richtet sich nun die Aufmerksamkeit auf Prüfungsteil B. Dieser gliedert sich in die vier Bereiche „Erstellen von Zwischen- und Jahresabschlüssen und des Lageberichts nach nationalem Recht", „Erstellen von Abschlüssen nach internationalen Standards" (Grundteil oder Hauptteil), „Steuerrecht und betriebliche Steuerlehre" und „Berichterstattung; Auswerten und Interpretieren des Zahlenwerks für Managemententscheidungen".

Der vorliegende Titel beschäftigt sich mit dem Handlungsbereich Berichterstattung und orientiert sich vollständig an den Bestandteilen und der Gliederung des offiziellen Rahmenlehrplans. Der Prüfling soll dementsprechend nachweisen, dass er die bilanziellen Zusammenhänge und deren Auswirkungen bei sich verändernden Daten versteht. Er soll zudem die Fähigkeit besitzen, Berechnungen durchzuführen, Vorschläge und Pläne aller Art auszuarbeiten, den Jahresabschluss, insbesondere hinsichtlich der Bonitätsanforderungen, analysieren und steuernd auf einen optimalen Jahresabschluss einwirken zu können.

„5 vor Berichterstattung" ist kein typisches Lehrbuch. Da ich selbst gegenwärtig als Dozent in diversen Vorbereitungskursen zur Bilanzbuchhalterprüfung tätig bin, gehe ich davon aus, dass in den von Ihnen besuchten Kursen das benötigte Wissen bereits eingehend vermittelt wurde. Dieses Buch ist vielmehr als eine Art letzte Wissenskontrolle zu sehen. Der Prüfling soll seinen Wissensstand kurz vor der Prüfung noch einmal kontrollieren und ggf. erkannte Wissenslücken innerhalb von kürzester Zeit erfolgreich schließen bzw. bereits Erlerntes noch schnell einmal auffrischen. Die prüfungsrelevanten Themen werden deshalb in kompakter und prägnanter Form dargestellt; Abbildungen, Beispiele und Kontrollfragen unterstützen zusätzlich das Verständnis. Zudem wird noch eine mehrseitige Testklausur zur finalen Überprüfung des Lernstoffs angeboten.

So können Sie ganz entspannt und sicher in die Prüfung gehen!

Für angehende Steuerfachwirte und -berater sowie für Studierende an Universitäten und Fachhochschulen ist dieser Titel ebenfalls äußerst empfehlenswert, da auch in diesen Bereichen das Thema Berichterstattung (BWL- und VWL-Grundlagen sowie Jahresabschlussanalyse) prüfungsrelevant sein können.

Gedankt sei zum Schluss meiner Kollegin Frau Daniela Naumann, deren engagierter Einsatz auch diese Neuerscheinung möglich gemacht hat. Außerdem möchte ich mich an dieser Stelle beim NWB Verlag, insbesondere Frau Katja Krips, für die gute Zusammenarbeit bedanken.

Nun wünsche ich den angehenden Bilanzbuchhaltern viel Erfolg für die bevorstehenden Prüfungen!

München, im Januar 2011

Martin Weber

INHALTSVERZEICHNIS

ABKÜRZUNGSVERZEICHNIS

A

a. F.	alte Fassung
ABB.	Abbildung
Abs.	Absatz
AfA	Absetzung für Abnutzung
AG	Aktiengesellschaft
AK/HK	Anschaffungs-/Herstellungskosten
AktG	Aktiengesetz
aLL	aus Lieferungen und Leistungen
ARA	aktiver Rechnungsabgrenzungsposten
Art.	Artikel

B

BaFin	Bundesanstalt für Finanzdienstleistungsaufsicht
betriebl.	betriebliche/r
BilMoG	Bilanzrechtsmodernisierungsgesetz
BIP	Bruttoinlandsprodukt
BW	Buchwert

D

d. h.	das heißt

E

EBIT	Earnings before Interest and Taxes
EGHGB	Einführungsgesetz zum Handelsgesetzbuch
EK	Eigenkapital
EKP	Einkaufspreis
EVA	Economic Value Added

F

f./ff.	folgende/fortfolgende
Ford.	Forderung/en

G

GewSt	Gewerbesteuer
GewStG	Gewerbesteuergesetz
gez.	gezeichnete/s
ggf.	gegebenenfalls
ggü.	gegenüber
GmbH	Gesellschaft mit beschränkter Haftung
GmbHG	Gesetz betreffend die Gesellschaften mit beschränkter Haftung

GoF	Geschäfts- oder Firmenwert
GuV	Gewinn- und Verlustrechnung
GWB	Gesetz gegen Wettbewerbsbeschränkungen

H

HGB	Handelsgesetzbuch

I

i. d. R.	in der Regel
i. H. v.	in Höhe von
i.V. m.	in Verbindung mit
IAS	International Accounting Standards
IFRS	International Financial Reporting Standards
immat.	immaterielle

K

Kfz	Kraftfahrzeug
KG	Kommanditgesellschaft
KSA	Kreditrisiko-Standardansatz
KSt	Körperschaftsteuer
KStG	Körperschaftsteuergesetz
kurzfr.	kurzfristige/r
KWG	Kreditwesengesetz

L

langfr.	langfristige/r
lfd.	laufende
LL	Lieferungen und Leistungen
lt.	laut

N

NOA	Net Operating Assets
NOPAT	Net Operating Profit after Taxes
Nr.	Nummer

P

PRA	passiver Rechnungsabgrenzungsposten
PublG	Publizitätsgesetz

R

ROCE	Return on Capital Employed
ROI	Return on Investment

S

SAV	Sachanlagevermögen
s. o.	siehe oben
sog.	sogenannte/r
sonst.	sonstige/r
SoPo	Sonderposten

T

T€	Tausend Euro
Tz.	Textziffer

U

u. a.	unter anderem/n
UStatG	Umweltstatistikgesetz

V

Verb.	Verbindlichkeit/en
Verm.ggst.	Vermögengegenstände
vgl.	vergleiche
VKP	Verkaufspreis
vs.	versus

W

WACC	Weighted Average Cost of Capital

Z

z. B.	zum Beispiel

I. Analyse eines Jahresabschlusses mithilfe von Kennzahlen

1. Funktionen der Jahresabschlussanalyse

Tz. 1

Bestandteile des Jahresabschlusses

Der Jahresabschluss aller Kaufleute umfasst Bilanz und GuV-Rechnung (§ 242 Abs. 3 HGB). Kapitalgesellschaften und Gesellschaften, die den Kapitalgesellschaften nach § 264a HGB gleichgestellt werden (z. B. GmbH & Co. KG), haben den Jahresabschluss um einen Anhang zu erweitern sowie einen Lagebericht aufzustellen (§ 264 Abs. 1 Satz 1 HGB). Der Jahresabschluss von Einzelunternehmen und Personengesellschaften muss den Anhang und den Lagebericht nicht enthalten. Ab einer gewissen Unternehmensgröße ist aber meist neben Bilanz und GuV auch ein Anhang vorzufinden.

Bei einer kapitalmarktorientierten Kapitalgesellschaft im Sinne des § 264d HGB, die keinen Konzernabschluss aufstellen muss, ist nach § 264 Abs. 1 Satz 2 HGB der Jahresabschluss um eine Kapitalflussrechnung und einen Eigenkapitalspiegel zu erweitern. Optional kann eine Segmentberichterstattung erstellt werden.

Tz. 2

Adressaten des Jahresabschlusses

An der Analyse des Jahresabschlusses sind vor allem folgende Personen interessiert:

- **Geschäftsführung:**
  Gerade kleine und mittelständische Unternehmen verfügen oftmals über kein eigenes Controlling. Die Jahresabschlussanalyse ist hier meist die einzige Möglichkeit, objektiv nachvollziehbare Überlegungen zur Rentabilität des investierten Kapitals oder zur Finanzierung darzustellen. Außerdem ist anhand der errechneten Kennzahlen ein Vergleich mit der Konkurrenz möglich. Der Geschäftsleitung stehen zur Abschlussanalyse naturgemäß mehr Informationsquellen offen als externen Analysten.
- **Anteilseigner, Gesellschafter und potentielle Anleger:**
  Diese Personengruppe erwartet eine Rechenschaftslegung, was mit dem von ihnen zur Verfügung gestellten Kapital geschehen ist bzw. geschieht. Die Anteilseigner wollen aus den vorgelegten Zahlen auch erkennen, mit welchen Gewinnausschüttungen sie gegenwärtig und zukünftig rechnen können.
- **Mitarbeiter und Gewerkschaften:**
  Es werden Informationen bezüglich der Arbeitsplatzsicherheit und künftiger Einkommensentwicklungen (vor allem bei Erfolgsbeteiligungssystemen) erwartet. Die Arbeitnehmervertretungen werden Tariflöhne, insbesondere bei sog. Haustarifen, von der Leistungsfähigkeit des Unternehmens abhängig machen.
- **Gläubiger, Lieferanten und Kunden:**
  Die Kreditgeber benötigen Informationen über die Sicherheit der dem Unternehmen gewährten Kredite. Die Lieferanten erwarten sich neben Informationen zur Kreditwürdigkeit auch Prognosen über Art und Umfang der künftigen Lieferungen. Der Kundenkreis informiert sich im Hinblick auf dauerhafte Geschäftsbeziehungen über Stabilität und Zukunftssicherheit des Unternehmens.
- **Interessierte Öffentlichkeit:**
  Hierunter fallen Medien, Konkurrenten, Verbände, Kammern, Rating-Agenturen aber auch staatliche Institutionen. So ist die Unternehmensentwicklung für Kommunen im Hinblick auf Finanzen, umweltpolitische Aspekte und Arbeitsplätze oftmals von enormer Bedeutung.

Tz. 3

Veröffentlichung

Die publizierungspflichtigen Unterlagen sind nach § 325 Abs. 1 HGB beim Betreiber des elektronischen Bundesanzeigers einzureichen und im elektronischen Bundesanzeiger bekanntzumachen (§ 325 Abs. 2 HGB). Gemäß § 12 Abs. 2 HGB wird die elektronische Einreichung als elektronische Aufzeichnung vorgenommen. Dies kann ohne Zwischenschaltung eines Notars durch das Unternehmen oder beispielsweise den Steuerberater erfolgen. Die Veröffentlichungsfrist beträgt zwölf Monate bzw. bei kapitalmarktorientierten Unternehmen vier Monate nach dem Abschlussstichtag.

Die Einhaltung der Offenlegungspflichten wird von Amts wegen kontrolliert. Der Betreiber des elektronischen Bundesanzeigers prüft, ob die einzureichenden Unterlagen vollständig innerhalb der gesetzlichen Frist bei ihm eingegangen sind. Ein Abgleich der Daten zu diesem Zweck mit dem Unternehmensregister ist möglich (§ 329 Abs. 1 HGB).

Ordnungsgeld bei Versäumnissen

Stellt der Betreiber des elektronischen Bundesanzeigers ein Versäumnis fest, muss er das Bundesamt für Justiz einschalten (§ 329 Abs. 4 HGB). Das Meldeverfahren läuft völlig automatisch, Anträge von einem Dritten sind nicht erforderlich. Das Bundesamt für Justiz wird nun gegen die betreffende Gesellschaft selbst oder gegen die Mitglieder des vertretungsberechtigten Organs ein Ordnungsgeldverfahren einleiten (§ 335 HGB). Das Bundesamt der Justiz setzt zunächst eine Frist von sechs Wochen fest, innerhalb dieser sind die ausstehenden Unterlagen einzureichen. Zeitgleich wird ein Ordnungsgeld in Höhe von 2.500 € bis 25.000 € angedroht. Verstreicht die sechswöchige Frist ohne Ergebnis, erfolgt die Festsetzung des Ordnungsgelds sowie einer Verfahrensgebühr von 50 €. Gegen die Ordnungsgeldbescheide des Bundesamts für Justiz kann Einspruch bzw. bei dessen Verwerfung Beschwerde beim Landgericht Bonn eingelegt werden. Die Rechtsmittel haben jedoch keine aufschiebende Wirkung (§ 335 Abs. 3 Satz 6 HGB). Weder die Offenlegungspflicht noch die Pflicht zur Zahlung der Kosten sind während des Rechtsmittelverfahrens ausgesetzt.

Das Ordnungsgeldverfahren ist ein Justizverwaltungsverfahren. Zur Vertretung der Beteiligten sind auch Wirtschaftsprüfer, vereidigte Buchprüfer, Steuerberater und Steuerbevollmächtigte berechtigt (§ 335 Abs. 2 Satz 3 HGB).

Tz. 4

formale Analyse

Es wird zwischen formaler und materieller Jahresabschlussanalyse unterschieden.

Bei der formalen Betrachtung werden die Einhaltung der handels- und aktienrechtlichen Bilanzierungs- und Bewertungsvorschriften sowie die Grundsätze der ordnungsmäßigen Buchführung geprüft. Bei mittelgroßen und großen Kapitalgesellschaften oder diesen nach § 264a HGB gleichgestellten Gesellschaften wird dies durch das Testat eines Wirtschaftsprüfers bescheinigt (§§ 316 ff. HGB), sodass sich eine formale Analyse grundsätzlich erübrigt.

Tz. 5

Größenklassen

Für die Abgrenzung der Größenklassen gelten folgende Merkmale, von denen jeweils zwei in zwei aufeinander folgenden Geschäftsjahren erfüllt sein müssen (§ 267 HGB):

	klein	**mittelgroß**	**groß**
Bilanzsumme in Mio. €	≤ 4,84	> 4,84; ≤ 19,25	> 19,25
Umsatzerlöse in Mio. €	≤ 9,68	> 9,68; ≤ 38,5	> 38,5
Anzahl der Arbeitnehmer	≤ 50	> 50; ≤ 250	> 250

Kapitalmarktorientierte Gesellschaften im Sinne des § 264d HGB gelten stets als große Kapitalgesellschaft (§ 267 Abs. 3 Satz 2 HGB).

veröffentlichungspflichtige Unterlagen

Abhängig von der Größe einer Kapitalgesellschaft bzw. einer Personengesellschaft im Sinne des § 264a HGB müssen deren gesetzlichen Vertreter folgende Unterlagen veröffentlichen:

Unterlagen	klein	mittelgroß	groß
Bilanz	verkürzte Bilanz	verkürzte Bilanz	keine Erleichterung
GuV	keine Offenlegung	verkürzte GuV	keine Erleichterung
Anhang	verkürzter Anhang	verkürzter Anhang	keine Erleichterung
Lagebericht	nicht erforderlich	keine Erleichterung	keine Erleichterung
Bestätigungsvermerk	nicht erforderlich	keine Erleichterung	keine Erleichterung
Beschluss über Ergebnisverwendung	nicht erforderlich	erforderlich	erforderlich
Bericht des Aufsichtsrats	nicht erforderlich	erforderlich	erforderlich

Tz. 6

PublG

Die Offenlegung von anderen Gesellschaften ist im Publizitätsgesetz (PublG) geregelt. Die Größenmerkmale des § 1 PublG liegen deutlich über denen des HGB. So beträgt die maßgebliche Bilanzsumme 65 Mio. €, die Umsatzerlöse 130 Mio. € und die Anzahl der Arbeitnehmer 5.000. Darüber hinaus gibt es in § 9 PublG rechtsformspezifische Erleichterungen, die den Nutzen des veröffentlichten Zahlenmaterials für Zwecke der Jahresabschlussanalyse einschränkt.

Tz. 7

materielle Analyse

Gegenstand der materiellen Analyse ist die Untersuchung des Zustands, der Entwicklung und der Zukunftsaussichten des Unternehmens. Dies wird durch die Errechnung von Kennzahlen ermöglicht. Die ermittelten Kennzahlen werden beispielsweise an Entwicklungserwartungen und Branchenvergleichszahlen gemessen.

1.1 Informationsfunktion

Tz. 8

Information

Der Jahresabschluss hat hauptsächlich eine Informationsfunktion: Interne und externe Adressaten sollen über die Entwicklung und die Lage des Unternehmens unterrichtet werden. Mittels der Jahresabschlussanalyse soll sowohl die vergangene Entwicklung dargestellt als auch eine Prognose über die Zukunft abgegeben werden. Die aus der Bilanz gewonnenen Zahlen dienen vor allem der Ermittlung der Vermögens- und Finanzlage, während die aus der GuV gewonnenen Zahlen in erster Linie zur Beurteilung der Ertragslage herangezogen werden.

Tz. 9

Je nach Adressat umfasst eine Jahresabschlussanalyse unterschiedliche Bereiche. So werden sich Gläubiger und Lieferanten vor allem für die Liquiditätslage interessieren, während Mitarbeiter und Gewerkschaften hauptsächlich die (künftige) Ertragslage betrachten werden. Potentielle Anleger und Anteilseigner werden versuchen, anhand der Rentabilitätsbetrachtungen ihre Investmententscheidungen zu treffen. Darüber hinaus kann der Jahresabschluss nach § 258 Abs. 1 HGB im Laufe eines Rechtsstreits herangezogen werden.

Die Geschäftsleitung, als interner Adressat der Analyse, wird nicht nur über die wirtschaftliche Lage des Unternehmens informiert, sondern versucht, mögliche Reaktionen auf die Veröffentlichung des Jahresabschlusses vorherzusehen.

1.2 Kontrollfunktion

Tz. 10

Kontrolle

Der Jahresabschluss hat neben der Informationsfunktion auch eine Kontrollfunktion. Dies bedeutet, dass eine retrospektive Betrachtung anhand von Vergleichsmaßstäben erfolgt. Hierbei kann man sich sowohl des internen Vergleichs (Vergleich unterschiedlicher Perioden oder der Plan- mit den Istzahlen) als auch des externen Vergleichs (Vergleich mit anderen Unternehmen der gleichen Branche) bedienen. Dadurch kann die Entwicklung und die Marktstellung des Unternehmens beurteilt werden. Anschließend erfolgt eine Suche nach den Ursachen und Gründen bei Abweichungen.

1.3 Steuerungsfunktion

Tz. 11

Steuerung

Der Kontrolle und der Analyse der Abweichungen von den Vergleichszahlen schließt sich in der Praxis die Steuerung an: Es werden die Konsequenzen aus den Abweichungen gezogen, um etwaige Schwachstellen im Unternehmen zu beheben. Außerdem wird versucht, besonders günstige Entwicklungen auch zukünftig zu sichern oder gar auszubauen.

2. Abschlussinformation nach betriebswirtschaftlichen Grundsätzen

2.1 Steuerzwecke

Tz. 12

KSt

Der Ersteller der Steuererklärungen sowie die Finanzbehörden gewinnen aus dem Jahresabschluss wichtige Informationen. Für die Ermittlung der Körperschaftsteuer sind beispielsweise folgende Werte von Belang (vgl. §§ 8 ff. KStG):

- Jahresüberschuss,
- empfangene Gewinnausschüttungen,
- Abführungen im Rahmen von Organschaftsverhältnissen,
- Steueraufwendungen,
- Aufsichtsratsvergütungen,
- Spenden,
- Zusammensetzung der Rückstellungen,
- Forderungen und Verbindlichkeiten gegenüber Gesellschaftern und verbundenen Gesellschaften.

Tz. 13

GewSt

Im Rahmen der Gewerbesteuerberechnung interessieren neben den gerade genannten Werten zum Beispiel folgende Werte (vgl. §§ 7 ff. GewStG):

- Entgelte für Schulden,
- geleistete Rentenzahlungen,
- Gewinnanteile eines stillen Gesellschafters,
- geleistete Miet- und Pachtzinsen,
- Arbeitslöhne der einzelnen Betriebsstätten (bei Zerlegung nach §§ 28 ff. GewStG).

2.2 Bundes- und landesrechtliche Zwecke

Tz. 14

Für statistische Zwecke von Bundes- und Landesbehörden – insbesondere des Statistischen Bundesamts bzw. des jeweiligen Statistischen Landesamts – müssen neben Kennzahlen aus dem Jahresabschluss zusätzlich Werte aus der Finanzbuchhaltung, dem Personalwesen und aus anderen Unternehmensbereichen erhoben werden. Folgende Meldungen sind beispielsweise von Interesse:

Statistik

- Intrastat (Innergemeinschaftliche Handelsstatistik),
- Kostenstrukturstatistik (Kostenstrukturerhebungen),
- Personalstandsstatistik,
- Verdienststrukturerhebung,
- Monatsstatistiken (z. B. im Gastgewerbe, im Tourismus, im Einzelhandel, im verarbeitenden Gewerbe),
- Erhebung der Investitionen in Maßnahmen für den Umweltschutz (§ 11 UStatG).

2.3 Zwecke der internationalen Rechnungslegung

Tz. 15

In der Praxis entstehen bei einer vergleichenden Jahresabschlussanalyse oftmals dadurch Probleme, dass die Abschlüsse nach unterschiedlichen internationalen und nationalen Rechnungslegungsvorschriften erstellt wurden. So bestehen zwischen IFRS- und HGB-Abschlüssen beispielsweise in folgenden Kernbereichen Unterschiede:

IFRS-Abschluss

- **Vermögenswert/Vermögensgegenstand**
  Durch die weitere Definition des Vermögenswertes (IFRS) im Vergleich zum Vermögensgegenstand (HGB) werden Erträge im IFRS-Abschluss tendenziell früher ausgewiesen als im HGB-Abschluss. Dies liegt konkret daran, dass das wahrscheinliche, realisierbare Nutzungspotential ausreicht, um einen Vermögenswert anzusetzen. Hierdurch liegt das Jahresergebnis nach IFRS grundsätzlich über dem nach HGB.
- **Schulden**
  In einer IFRS-Bilanz werden nur Außenverpflichtungen ausgewiesen, die wahrscheinlich zu erfüllen sind. In einer HGB-Bilanz werden dagegen teilweise auch Innenverpflichtungen ausgewiesen. Darüber hinaus führt das Vorsichtsprinzip des HGB tendenziell zu einem höheren Ausweis von Schulden. Die Konsequenz hieraus ist ein höheres Jahresergebnis nach IFRS.
- **Eigenkapital**
  Da das Eigenkapital sowohl nach IFRS als auch nach HGB nur eine Restgröße ist, wird der Eigenkapitalausweis aufgrund der Unterschiede in der Bilanzierung und Bewertung in einer IFRS-Bilanz regelmäßig höher sein. Dies kann beispielsweise für die Beurteilung der Vermögenslage des Unternehmens durch Kreditgeber bzw. durch Anleger von entscheidender Bedeutung sein. Darüber hinaus finden sich in IFRS-Abschlüssen Kapitalerhaltungsanpassungen aus Neubewertungen.

3. Strukturbilanz nach verschiedenen Aspekten

Tz. 16

Das publizierte Zahlenmaterial aus der Bilanz und der GuV muss, um eine Analyse durchführen zu können, aufbereitet werden. Im Einzelnen sind Bereinigungen, Richtigstellungen, Saldierungen, Aufspaltungen und Umgliederungen nötig. Die Aktiva wird unter dem Gesichtspunkt der Liquidierbarkeit, die Passiva unter dem Gesichtspunkt der Zugehörigkeit zum Eigenkapital oder zum Fremdkapital und nach der Fristigkeit geordnet. Des Weiteren werden Anhanginformationen genutzt und in die Berechnungen miteinbezogen.

Aufbereitung des Jahresabschlusses

Tz. 17

Bilanzgliederung

Die Daten des Jahresabschlusses werden mittels einer sog. Strukturbilanz für die Kennzahlenberechnung und die anschließende Analyse neu geordnet. Ausgangspunkt hierfür ist die Gliederung der Bilanz nach § 266 HGB:

§ 266 HGB – Gliederung der Bilanz (Auszug)

(1) (...)

(2) **Aktivseite**

A. Anlagevermögen:

I. Immaterielle Vermögensgegenstände:

(...)

II. Sachanlagen:

1. Grundstücke, grundstücksgleiche Rechte und Bauten einschließlich der Bauten auf fremden Grundstücken;
2. technische Anlagen und Maschinen;
3. andere Anlagen, Betriebs- und Geschäftsausstattung;
4. geleistete Anzahlungen und Anlagen im Bau;

III. Finanzanlagen:

(...)

B. Umlaufvermögen:

I. Vorräte:

1. Roh-, Hilfs- und Betriebsstoffe;
2. unfertige Erzeugnisse, unfertige Leistungen;
3. fertige Erzeugnisse und Waren;
4. geleistete Anzahlungen;

II. Forderungen und sonstige Vermögensgegenstände:

1. Forderungen aus Lieferungen und Leistungen;

(...)

4. sonstige Vermögensgegenstände;

III. Wertpapiere:

(...)

IV. Kassenbestand, Bundesbankguthaben, Guthaben bei Kreditinstituten und Schecks

C. Rechnungsabgrenzungsposten.

D. Aktive latente Steuern.

E. Aktiver Unterschiedsbetrag aus der Vermögensverrechnung.

(3) **Passivseite**

A. Eigenkapital:

(...)

B. Rückstellungen:

(...)

C. Verbindlichkeiten:

1. Anleihen, davon konvertibel;
2. Verbindlichkeiten gegenüber Kreditinstituten;
3. erhaltene Anzahlungen auf Bestellungen;
4. Verbindlichkeiten aus Lieferungen und Leistungen;

(...)

8. sonstige Verbindlichkeiten,

(...)

D. Rechnungsabgrenzungsposten.

E. Passive latente Steuern.

3.1 Aktiva

Tz. 18

Zur Erstellung der Strukturbilanz müssen auf der **Aktivseite** folgende Maßnahmen durchgeführt werden:

3.1.1 Ausstehende Einlagen

Tz. 19

Ausstehende Einlagen – Nettoausweis

Jede Kapitalgesellschaft hat ein festes, im Handelsregister eingetragenes, gezeichnetes Kapital. Bei Aktiengesellschaften muss dieser als Grundkapital bezeichnete Wert mindestens 50.000 € betragen. Bei Gesellschaften mit beschränkter Haftung ist das Mindestkapital, das als Stammkapital bezeichnet wird, 25.000 €. Ist dieser Betrag, bzw. bei entsprechender Vereinbarung ein höherer Betrag, von den Gesellschaftern nicht voll eingezahlt worden, sind die nicht eingeforderten ausstehenden Einlagen vom „Gezeichneten Kapital" offen abzusetzen. Der hieraus verbleibende Unterschiedsbetrag ist als Posten „Eingefordertes Kapital" in der Hauptspalte der Passivseite auszuweisen, außerdem ist der eingeforderte aber noch nicht eingezahlte Betrag unter den Forderungen gesondert zu aktivieren (§ 272 Abs. 1 HGB). Diese Darstellungsform wird als Nettoausweis bezeichnet.

BEISPIEL

Eine GmbH hat ein gezeichnetes Kapital in Höhe von 50.000 €. Die Höhe der ausstehenden Einlagen auf das gezeichnete Kapital beträgt 15.000 €, von denen bereits 5.000 € eingefordert wurden.

Aktiva				Passiva
C. Umlaufvermögen		A. Eigenkapital		
II. Forderungen (...)		I. Gezeichnetes Kapital	50.000 €	
Eingeforderter, aber noch nicht eingezahlter Betrag der ausstehenden Einlage auf das gezeichnete Kapital	5.000 €	nicht eingeforderte Einlage eingefordertes Kapital	-10.000 €	40.000 €

Bruttoausweis

Bis zum Inkrafttreten des BilMoG konnten ausstehende Einlagen in voller Höhe aktiviert werden (§ 272 Abs. 1 HGB a. F.) Dies hatte einen ungekürzten Ausweis des gezeichneten Kapitals zur Konsequenz (sog. Bruttoausweis). Liegt eine derartige Bilanz zur Analyse vor, muss das gezeichnete Kapital um die noch nicht eingeforderten Beträge gekürzt werden.

Der eingeforderte Betrag in Höhe von 5.000 € (siehe Beispiel) darf für Zwecke der Bilanzanalyse nicht mit dem Eigenkapital saldiert werden, da die eingeforderten Beträge echte Vermögenswerte darstellen.

3.1.2 Aufwendungen für die Ingangsetzung und die Erweiterung des Geschäftsbetriebs

Tz. 20

Gemäß § 269 HGB a. F. konnten vor Inkrafttreten des BilMoG Aufwendungen für die Ingangsetzung und Erweiterung des Geschäftsbetriebs als Bilanzierungshilfe vor der Aktiva ausgewiesen werden. Durch diese Regelung sollte die Kapitalgesellschaft die Möglichkeit haben, einen Teil des Anlaufverlustes über einen Zeitraum von fünf Jahren zu verteilen und somit eine Überschuldung zu vermeiden. Wurde von dieser Regelung Gebrauch gemacht, kann ein entsprechender Betrag vor dem Anlagevermögen ausgewiesen werden. Diese Posten können bis zur ihrer vollständigen Abschreibung auch in einer BilMoG-Bilanz fortgeführt werden (Art. 67 Abs. 5 EGHGB).

Im Rahmen der Umgliederung der Bilanz für Zwecke der Analyse wird diese Position mit dem Eigenkapital saldiert. Das bedeutet, dass hier eine Bilanzverkürzung stattfindet.

3.1.3 Geschäfts- oder Firmenwert

Tz. 21

Geschäfts- oder Firmenwert

Der Geschäfts- oder Firmenwert (GoF) ist der Mehrwert, den ein Unternehmen über den Gesamtwert aller materiellen und immateriellen Wirtschaftsgüter hinaus hat. Er kann z. B. durch den Standort, Kundenstamm, Markennamen, die Belegschaft und die Organisationsstruktur begründet sein. Wird dieser im Rahmen eines Unternehmenserwerbs käuflich erworben, konnte dieser nach § 255 Abs. 4 HGB a. F. aktiviert werden. Seit Inkrafttreten des BilMoG ist ein entgeltlich erworbener GoF zwingend zu aktivieren und auf die betriebsgewöhnliche Nutzungsdauer abzuschreiben. Im Steuerrecht erfolgt die Abschreibung zwingend auf 15 Jahre (§ 7 Abs. 1 Satz 3 EStG).

Da der GoF nicht einzelverkehrsfähig ist, also nicht getrennt vom Unternehmen verwertet werden kann, ist dieser im Rahmen der Erstellung der Strukturbilanz mit dem Eigenkapital zu saldieren.

3.1.4 Erhaltene Anzahlungen auf Bestellungen

Tz. 22

Anzahlungen

Erhaltene Anzahlungen auf Bestellungen können nach § 268 Abs. 5 Satz 2 HGB entweder unter den kurzfristigen Verbindlichkeiten ausgewiesen oder offen von den Vorräten abgesetzt werden. Da diese Art von Schulden nicht durch Zahlung, sondern durch Lieferung beglichen wird, ist bei der Erstellung der Strukturbilanz der offenen Saldierung mit den Vorräten der Vorzug zu geben. Übersteigen die erhaltenen Anzahlungen jedoch die Vorräte, ist eine Saldierung nicht mehr möglich. In diesem Fall verbleibt nur die Erfassung im Rahmen der Verbindlichkeiten.

3.1.5 Eigene Anteile

Tz. 23

eigene Anteile

Eigene Anteile, deren Erwerb in § 71 AktG bzw. § 33 GmbHG geregelt ist, waren vor Inkrafttreten des BilMoG im Umlaufvermögen zu aktivieren. Korrespondierend hierzu war ein entsprechender Betrag in den Gewinnrücklagen auszuweisen. Beide Positionen waren für bilanzanalytische Zwecke gegeneinander aufzurechnen, wodurch sich eine Bilanzverkürzung ergab.

Das BilMoG normiert den Kauf und Verkauf eigener Anteile in § 272 Abs. 1a und 1b HGB. Gemäß § 272 Abs. 1a HGB sind nun zurückerworbene eigene Anteile auf der Passivseite der Bilanz in der Vorspalte des Postens „Gezeichnetes Kapital" offen abzusetzen. Der Unterschiedsbetrag zwischen dem Nennbetrag und den Anschaffungskosten ist mit den frei verfügbaren Rücklagen zu verrechnen. Hierdurch tritt die Bilanzverkürzung automatisch ein, sodass keine Korrektur mehr erforderlich ist.

3.1.6 Aktive Rechnungsabgrenzungsposten

Tz. 24

ARA

Da in einer Strukturbilanz die Aktiva nur aus den Bereichen Anlage- und Umlaufvermögen besteht und die Passiva nur Eigen- und Fremdkapital aufweisen soll, sind die Rechnungsabgrenzungsposten umzugliedern. Aktive Rechnungsabgrenzungsposten sind grundsätzlich im Umlaufvermögen zu berücksichtigen.

Damnum

Eine Ausnahme besteht für ein aktiviertes Damnum. Da dieses vorweggenommenen Aufwand darstellt, dem kein konkreter Gegenwert gegenübersteht, ist der Betrag der aktiven Rechnungsabgrenzungen um ein eventuell enthaltenes Damnum zu verringern. Das Eigenkapital wird entsprechend gekürzt. Ein weiterer Hintergrund der Saldierung ist, dass hinsichtlich des Damnums ein Aktivierungswahlrecht besteht (§ 250 Abs. 3 Satz 1 HGB) und somit durch die Saldierung eine bessere Vergleichbarkeit geschaffen wird.

3.1.7 Aktive latente Steuern

Tz. 25

Sind in der Handelsbilanz aktive latente Steuern ausgewiesen, werden diese mit dem Eigenkapital saldiert, da diese keinen „echten", sondern nur einen fiktiven Zahlungsanspruch gegen den Fiskus darstellen. Steuerlatenzen

3.2 Passiva

Tz. 26

Die **Passivseite** der Handelsbilanz ist wie folgt aufzubereiten:

3.2.1 Eigenkapital

Tz. 27

Im Eigenkapital sind die Positionen Jahresüberschuss und Gewinnvortrag zu finden. Diese werden oftmals auch zum Bilanzgewinn zusammengefasst (§ 268 Abs. 1 HGB). Sind in einer dieser Größen die Ausschüttungen für das zu analysierende Jahr enthalten, sind diese beim Eigenkapital abzuziehen und dem kurzfristigen Fremdkapital zuzurechnen. Eigenkapital

BEISPIEL

Die Passiva der A-AG sieht zum 31. 12. 2010 wie folgt aus (alle Werte in T€):

Gezeichnetes Kapital	200
Kapitalrücklagen	20
Bilanzgewinn	100
Rückstellungen	130
Verbindlichkeiten	150
Summe	600

Vom Bilanzgewinn sollen im Mai 2011 50 T€ ausgeschüttet werden.

Dies hat zur Folge, dass die Passiva umzugliedern ist:

Gezeichnetes Kapital	200
Kapitalrücklagen	20
Bilanzgewinn	**50**
Rückstellungen	130
Verbindlichkeiten	**200**
Summe	600

3.2.2 Sonderposten mit Rücklageanteil

Tz. 28

Bis zum Inkrafttreten des BilMoG war die Bildung des Sonderpostens mit Rücklageanteil in den §§ 247 Abs. 3 und 273 HGB geregelt. Ursache für dessen Bildung war die Vermeidung der Besteuerung stiller Reserven, beispielsweise nach § 6b EStG, R 6.5 EStR und R 6.6 EStR. Sonderposten

Da es sich bei steuerfreien Rücklagen um einen Ertrag handelt, der noch nicht versteuert werden muss, ist ein Sonderposten mit Rücklageanteil (temporäres) Eigenkapital, die enthaltene, künftige Steuerbelastung stellt dagegen Fremdkapital dar. Die Höhe des Eigen- und Fremdkapitalanteils hängt von der Steuerbelastung im Auflösungsjahr des Sonderpostens ab. Da diese meist noch nicht bekannt ist, wird die Aufteilung auf dem Schätzungsweg vorgenommen. Es dürfte bei einer Kapitalgesellschaft zutreffend sein, wenn 60 % bis 70 % des Sonderpostens mit Rücklageanteil dem Eigenkapital und der Rest dem mittelfristigen Fremdkapital zugewiesen werden.

Durch das BilMoG ist die Möglichkeit der Bildung eines Sonderpostens mit Rücklageanteil entfallen, sodass sich im Rahmen der Erstellung der Strukturbilanz grundsätzlich kein Korrekturbedarf mehr ergibt. Da jedoch Sonderposten, die vor Inkrafttreten des BilMoG gebildet wurden, fortgeführt werden können, ergibt sich in Altfällen noch ein Korrekturbedarf (vgl. Art. 67 Abs. 3 EGHGB).

3.2.3 Rückstellungen

Tz. 29

Rückstellungen

Pensionsrückstellungen und ähnliche Rückstellungen sind dem langfristigen Fremdkapital zuzuordnen. Steuerrückstellungen und sonstige Rückstellungen werden, sofern keine spezifischen Informationen vorliegen, dem kurzfristigen Fremdkapital zugeordnet.

3.2.4 Verbindlichkeiten

Tz. 30

Verbindlichkeiten

Verbindlichkeiten werden nach ihrer Fristigkeit geordnet. Es werden hierbei kurzfristige, mittelfristige und langfristige Verbindlichkeiten unterschieden (siehe Tz. 33).

3.2.5 Passive Rechnungsabgrenzungsposten

Tz. 31

PRA

Der passive Rechnungsabgrenzungsposten wird unter den kurzfristigen Verbindlichkeiten erfasst.

3.2.6 Passive latente Steuern

Tz. 32

Steuerlatenzen

Analog zu der Behandlung der aktiven latenten Steuern werden diese bei der Erstellung der Strukturbilanz dem Eigenkapital hinzugerechnet.

3.2.7 Zusammenfassende Darstellung

Tz. 33

Fremdkapital nach Fristigkeiten

Kurzfristiges Fremdkapital	Mittelfristiges Fremdkapital	Langfristiges Fremdkapital
Verbindlichkeiten mit Restlaufzeit bis 1 Jahr	Verbindlichkeiten mit Restlaufzeit von 1 - 5 Jahren	Verbindlichkeiten mit Restlaufzeit über 5 Jahren
Geplante Ausschüttungen	Fremdkapitalanteil des Sonderpostens mit Rücklageanteil	Rückstellungen für Pensionen und ähnliche Verpflichtungen
Steuerrückstellungen		
Sonstige Rückstellungen		
Passive Rechnungsabgrenzungsposten[1]		

1 Es ist auch möglich, die passiven Rechnungsabgrenzungen vorweg mit den aktiven zu saldieren.

3.2.8 Berücksichtigung stiller Reserven

Tz. 34

Aufdeckung stiller Reserven

Insbesondere bei der internen Jahresabschlussanalyse ist oftmals bekannt, ob stille Reserven vorhanden sind. Im Rahmen der Erstellung der Strukturbilanz werden diese im Regelfall aufgedeckt. Da die spätere, tatsächliche Aufdeckung eine Steuerbelastung auslöst, wird, abhängig vom individuellen Steuersatz, ein entsprechender Betrag dem Fremdkapital zugewiesen, wogegen der Restbetrag das Eigenkapital erhöht.

BEISPIEL

Ein im Anlagevermögen mit 200.000 € aktiviertes Grundstück hat einen Verkehrswert von 300.000 €. Der Steuersatz der Kapitalgesellschaft beträgt 30 %.

In der Strukturbilanz wird das Grundstück mit 300.000 € ausgewiesen. Das Eigenkapital wird um 70.000 € (70 % von 100.000 €) und das langfristige Fremdkapital um 30.000 € (30 % von 100.000 €) erhöht.

3.3 Arten der Strukturbilanz

3.3.1 Finanzwirtschaftlich

Tz. 35

Bonität

Eine Strukturbilanz wird u. a. schuldnerorientiert im Rahmen von Bonitätsprüfungen aufgestellt. Oftmals erfolgt die Aufstellung auch investororientiert. Es stehen insbesondere Kennzahlen zur Beurteilung der Liquidität und der Schuldendeckung im Vordergrund. Darüber hinaus wird vor allem auch die Rentabilität betrachtet.

3.3.2 Branchenüblich

Tz. 36

Branchenvergleich

Eine branchenorientierte Strukturbilanz enthält die für die jeweilige Branche aussagefähigen Vergleichszahlen. Hierbei soll die Stellung des Unternehmens im Verhältnis zur gesamten Branche bzw. zu unmittelbaren Konkurrenten betrachtet werden.

3.3.3 Segmentiert

Tz. 37

Segmentbetrachtung

Bei einer segmentbezogenen Jahresabschlussanalyse werden bestimmte Geschäftsfelder oder Regionen u. a. nach folgenden Aspekten betrachtet:

- Ergebnis des Segments,
- Vermögenswerte,
- Schulden (sofern diese der verantwortlichen Unternehmensinstanz regelmäßig gemeldet werden),
- Umsatzerlöse, die von externen Kunden stammen,
- Umsatzerlöse aus Intersegmentgeschäften,
- Zinserträge,
- Zinsaufwendungen,
- planmäßige Abschreibungen und Amortisationen,
- Erweiterungsinvestitionen.

Hierzu müssen in der Strukturbilanz die Aktiva und Passiva entsprechend zugeordnet werden.

3.4 Beispiel zur Strukturbilanz

Tz. 38

BEISPIEL

Ihnen liegt folgende Handelsbilanz vor:

Aktiva	T€	Passiva	T€
Anlagevermögen		**Eigenkapital**	
Immat. Vermögensgegenstände	500	Gezeichnetes Kapital	10.000
Sachanlagen	14.000	Kapitalrücklage	5.000
Finanzanlagen	11.000	Gewinnrücklage	12.000
		Jahresüberschuss	2.000
Umlaufvermögen			
Vorräte	8.000	**Rückstellungen**	
Forderungen	9.000	Pensionsrückstellungen	15.000
Wertpapiere	7.000	Steuerrückstellungen	1.000
Kasse, Bank	5.000	sonstige Rückstellungen	5.500
Disagio	500	**Verbindlichkeiten**	
		Anleihen	2.000
Latente Steuern	500	Verbindl. ggü. Kreditinstituten	1.000
		Verbindl. aLL	2.000
	55.500		55.500

Weitere Angaben:

- Bei den immateriellen Vermögensgegenständen handelt es sich um einen entgeltlich erworbenen Firmenwert.
- Die Wertpapiere des Umlaufvermögens können in Höhe von 5.000 T€ jederzeit veräußert werden. Der Restbetrag kann frühestens in sechs Monaten veräußert werden.
- Die Verbindlichkeiten gegenüber Kreditinstituten haben in Höhe von 800 T€ eine Restlaufzeit von über fünf Jahren. Der Restbetrag ist innerhalb Jahresfrist fällig.
- Die Verbindlichkeiten aus Lieferungen und Leistungen haben bis auf 100 T€ eine Restlaufzeit von ca. sechs Monaten. Die angesprochenen 100 T€ werden in zwei Jahren fällig.
- Die Anleihen haben eine Restlaufzeit von sieben Jahren.
- Der Jahresüberschuss wird in Höhe von 500 T€ in die Gewinnrücklagen eingestellt. Der Rest in Höhe von 1.500 T€ soll ausgeschüttet werden.

Die Strukturbilanz hat folgendes Bild:

Aktiva	T€	Passiva	T€
Anlagevermögen	25.000	**Eigenkapital**	26.000
Umlaufvermögen		**Fremdkapital**	
monetäres Umlaufvermögen	19.000	langfristiges Fremdkapital	17.800
sonstiges Umlaufvermögen	10.000	mittelfristiges Fremdkapital	100
		kurzfristiges Fremdkapital	10.100
	54.000		54.000

Erläuterungen:

- Der Firmenwert wird mit dem Eigenkapital verrechnet, sodass sich das in der Strukturbilanz ausgewiesene Anlagevermögen aus den Sach- und den Finanzanlagen zusammensetzt.
- Die liquiden Mittel, Forderungen, und Wertpapiere gehören grundsätzlich zum monetären Umlaufvermögen. Da jedoch bekannt ist, dass Wertpapiere in Höhe von 2.000 T€ erst in frühestens sechs Monaten veräußert werden können, werden diese neben den Vorräten in das sonstige Umlaufvermögen umgegliedert.
- Das ausgewiesene Disagio sowie die latenten Steuern werden mit dem Eigenkapital verrechnet.

- Das in der Handelsbilanz ausgewiesene Eigenkapital wird, wie angesprochen, um den Firmenwert, das Disagio und die latenten Steuern (jeweils 500 T€) gekürzt. Darüber hinaus wird die geplante Ausschüttung in Höhe von 1.500 T€ vom Eigenkapital in das kurzfristige Fremdkapital umgegliedert.
- Im langfristigen Fremdkapital werden neben den Pensionsrückstellungen und den Anleihen die Verbindlichkeiten gegenüber Kreditinstituten in Höhe von 800 T€ ausgewiesen.
- Die Verbindlichkeiten aus Lieferungen und Leistungen, die in zwei Jahren fällig werden, sind im mittelfristigen Fremdkapital auszuweisen.
- Das kurzfristige Fremdkapital setzt sich wie folgt zusammen:

Steuerrückstellungen	1.000
sonstige Rückstellungen	5.500
Verbindlichkeiten ggü. Kreditinstituten	200
Verbindlichkeiten aus Lieferungen und Leistungen	1.900
Gewinnausschüttung	1.500
Summe	10.100

4. Bewegungsbilanz

Tz. 39

Veränderungsbilanz

Wird eine Kapitalflussrechnung erstellt, ist die Aufstellung einer Bewegungsbilanz zielführend. Die Vorstufe einer Bewegungsbilanz ist eine Veränderungsbilanz. In letzterer werden die Veränderungen der einzelnen Bilanzposten durch Vergleich zweier aufeinander folgender Jahresabschlüsse dargestellt und durch Umgliederung auf die entsprechende Bilanzseite gebracht. Diese dynamische Betrachtungsweise führt dazu, dass sich auf der linken Seite einer Veränderungsbilanz Aktivmehrungen und Passivminderungen und auf der rechten Seite Aktivminderungen und Passivmehrungen wieder finden.

Tz. 40

Mittelverwendung
Mittelherkunft

Durch die Bewegungsbilanz werden die Werte der Veränderungsbilanz finanzwirtschaftlich strukturiert dargestellt. Die Aktivmehrungen und Passivminderungen (linke Seite der Veränderungsbilanz) werden als Mittelverwendung, die Aktivminderungen und Passivmehrungen (rechte Seite der Veränderungsbilanz) werden als Mittelherkunft bezeichnet. Eine Bewegungsbilanz hat somit folgendes vereinfachtes Bild:

Mittelverwendung	Mittelherkunft
Aktivmehrungen	Passivmehrungen
Passivminderungen	Aktivminderungen
Ausschüttungen	Jahresüberschuss

Materiell sind die Veränderungs- und die Bewegungsbilanz identisch. Dies führt dazu, dass die Begriffe häufig synonym verwendet werden.

BEISPIEL

Ihnen liegt folgende Bilanz der A-AG vor (Werte in T€):

Aktiva	Berichtsjahr	Vorjahr	Passiva	Berichtsjahr	Vorjahr
Anlagevermögen	1.500	1.800	Eigenkapital	1.400	1.250
Umlaufvermögen			Fremdkapital		
Vorräte	2.750	2.400	langfr. Darlehen	600	650
Forderungen	650	800	Lieferantenkredite	2.500	2.350
Kasse, Bank	300	250	Kontokorrentkredite	700	1.000
Bilanzsumme	5.200	5.250	Bilanzsumme	5.200	5.250

AUFGABE

Erstellen Sie eine Bewegungsbilanz. Gehen Sie hierbei davon aus, dass die Erhöhung des Eigenkapitals in Höhe von 50 T€ durch den Jahresüberschuss veranlasst ist. Der restliche Betrag (100 T€) resultiert aus einer Kapitalerhöhung.

LÖSUNG

Mittelverwendung		Mittelherkunft	
Zunahme Vorräte	350	Zunahme Eigenkapital	150
Zunahme Kasse, Bank	50	Zunahme Lieferantenkredite	150
Abnahme Darlehen	50	Abnahme Anlagevermögen	300
Abnahme Kontokorrente	300	Abnahme Forderungen	150
Kapitalbedarf	750	Kapitalaufbringung	750

Tz. 41

Neben den beiden Hauptmerkmalen Mittelverwendung und Mittelherkunft kann eine Bewegungsbilanz je nach Zielsetzung auf verschiedene Arten untergliedert werden. Häufig sind Untergliederungen nach der Finanzierungsart (Innen- und Außenfinanzierung bzw. Eigen- und Fremdfinanzierung) sowie nach verschiedenen Verwendungsarten (Investitionstätigkeit, Schuldentilgung, Ausschüttungen) gefordert.

4.1 Bewegungsbilanz unter Berücksichtigung der Fristigkeiten

Tz. 42

Bewegungsbilanz mit Fristigkeiten

Hier werden die einzelnen Positionen der Bewegungsbilanz in Hinblick auf die jeweilige Fristigkeit dargestellt, sodass tiefer gehende Analysen möglich sind.

BEISPIEL

Fortsetzung aus Tz. 40:

Eine feinere Untergliederung der Bewegungsbilanz hätte folgendes Bild:

Mittelverwendung	absolut	in %	Mittelherkunft	absolut	in %
Vermögenszuwachs			**Innenfinanzierung**		
Erhöhung Vorräte	350	46,67	Finanzieller Überschuss	50	6,67
Erhöhung Kasse, Bank	50	6,67	Kapitalfreisetzung (Anlagevermögen, Forderungen)	450	60,00
Schuldentilgung			Total Innenfinanzierung	500	66,67
Abnahme langfr. Fremdkapital (Darlehen)	50	6,67	**Außenfinanzierung**		
Abnahme kurzfr. Fremdkapital (Kontokorrent)	300	40,00	Erhöhung Eigenkapital	100	13,33
Gewinnausschüttung	0	0	Erhöhung kurzfr. Fremdkapital (Lieferantenkredite)	150	20,00
			Total Außenfinanzierung	250	33,33
Kapitalbedarf	750	100,00	**Kapitalaufbringung**	750	100,00

Tz. 43

Im Rahmen der Erstellung der Bewegungsbilanz werden oftmals bestimmte Arten von Bestandsveränderungen mit den entsprechenden Aufwands- und Ertragspositionen aus der GuV gekoppelt, sodass sich der Cashflow (= Geldfluss) ermitteln lässt. Der Cashflow lässt sich u. a. wie folgt ermitteln:

Cashflow (Praktikermethode)

Jahresüberschuss
+ Abschreibungen
- Zuschreibungen
+ Erhöhung von Rückstellungen
- Verminderung von Rückstellungen
= Cashflow

Diese Berechnungsmethode wird als indirekte Methode (auch Praktikermethode) bezeichnet.

4.2 Kapitalflussrechnung

Tz. 44

Ziel der Kapitalflussrechnung ist es, den Zahlungsmittelstrom eines Unternehmens transparent zu machen. Die Kapitalflussrechnung ist eine Fortentwicklung des Cashflows. Der Cashflow wird um Zahlengrößen erweitert, die sich nur in der Bilanz, aber nicht in der GuV niederschlagen. Man erhält hierdurch präzisere Aussagen über die Mittelverwendung. Die Kapitalflussrechnung zeigt die Veränderung der Liquidität und der sie bestimmenden Größen in Form von Ein- und Auszahlungen während des Abrechnungszeitraums.

Erweiterung des Cashflows zur Kapitalflussrechnung

Tz. 45

Im Mittelpunkt der Kapitalflussrechnung steht ein Finanzmittelfonds, der grundsätzlich aus den liquiden Mitteln und den sonstigen Wertpapieren des Umlaufvermögens gespeist wird. In der sog. Fondsänderungsrechnung wird die Veränderung des Bestandes an liquiden Mitteln dargestellt. Dieser Wert ist der Saldo aus dem Bestand an liquiden Mitteln zu Beginn und zu Ende des Wirtschaftsjahres.

Finanzmittelfonds als Mittelpunkt

Die gewonnenen Beträge werden in der Ursachenrechnung, die sich in die Bereiche

- laufende Geschäftstätigkeit,
- Investitionsbereich und dem
- Bereich der Finanzierungsaktivitäten

untergliedert, erläutert.

Im Bereich der laufenden Geschäftstätigkeit ergeben sich in der Regel Überschüsse der Einzahlungen über die Auszahlungen. Diese werden betriebliche Nettoeinnahmen genannt. Im Investitionsbereich werden dagegen die Auszahlungen überwiegen. Vergleicht man die Salden dieser beiden Bereiche, ergibt sich ein Finanzbedarf oder ein Finanzüberschuss.

Im Bereich der Finanzierungsaktivitäten – auch Kapitalbereich genannt – wird gezeigt, wie durch Außenfinanzierungsmaßnahmen ein Bedarf gedeckt oder ein Überschuss verwendet wird. Eine verbleibende Differenz führt zu einer Änderung des Finanzmittelfonds. Die Richtigkeit dieser Änderung kann durch einen Vergleich der Bilanzpositionen für liquide Mittel und Wertpapiere des Umlaufvermögens nachgeprüft werden.

Die Darstellung der Kapitalflussrechnung beinhaltet folglich zwei Bereiche:

- Fondsveränderungsrechnung und
- Ursachenrechnung.

Die IFRS-Regelungen zur Kapitalflussrechnung finden sich in IAS 7.

BEISPIEL

Ihnen liegt die bereits bekannte Bilanz der A-AG vor (Werte in T€):

Aktiva	Berichtsjahr	Vorjahr	Passiva	Berichtsjahr	Vorjahr
Anlagevermögen	1.500	1.800	Eigenkapital	1.400	1.670
Umlaufvermögen			Fremdkapital		
Vorräte	2.750	2.400	langfr. Darlehen	600	650
Forderungen	650	800	Lieferantenkredite	2.500	2.350
Kasse, Bank	300	670	Kontokorrentkredite	700	1.000
Bilanzsumme	5.200	5.670	Bilanzsumme	5.200	5.670

Zu dieser erhalten Sie folgende ergänzenden Informationen:

- Die Abschreibungen auf das Anlagevermögen haben im Berichtsjahr 500 T€ betragen.
- Im Berichtsjahr wurden Sachanlagen mit einem Restbuchwert von 20 T€ für 60 T€ verkauft.
- Der Jahresüberschuss des Berichtsjahres beträgt 50 T€.
- Im Berichtsjahr fand eine Kapitalerhöhung (100 T€) statt.
- Der Jahresüberschuss des Vorjahres in Höhe von 420 T€ wurde in voller Höhe ausgeschüttet.

AUFGABE

Erstellen Sie eine Kapitalflussrechnung.

LÖSUNG

Cashflow aus operativer Tätigkeit	**T€**
Jahresüberschuss	50
Abschreibungen	+ 500
Gewinn aus Anlagenabgang (60 T€ - 20 T€)	- 40
Zunahme der Vorräte	- 350
Abnahme der Forderungen	+ 150
Zunahme der Lieferantenkredite	+ 150
Cashflow aus operativer Tätigkeit	**460**
Cashflow aus Investitionstätigkeit	
Investition in das Anlagevermögen (1.500 T€ - 1.800 T€ + 500 T€ + 20 T€ = 220 T€)[2]	- 220
Desinvestitionen	+ 60
Cashflow aus Investitionstätigkeit	**- 160**
Cashflow aus Finanzierungstätigkeit	
Kapitalerhöhung	100
Ausschüttung Vorjahr	- 420
Abnahme der langfristigen Darlehen	- 50
Abnahme der Kontokorrentkredite	- 300
Cashflow aus Finanzierungstätigkeit	**- 670**

Der Bestand der finanziellen Mittel entwickelt sich wie folgt:

Finanzmittelbestand am Anfang der Periode	670
Cashflow aus operativer Tätigkeit	+ 460
Cashflow aus Investitionstätigkeit	- 160
Cashflow aus Finanzierungstätigkeit	- 670
Finanzmittelbestand am Ende der Periode	300

2 Hier wurden die Nettoinvestitionen errechnet. Das Ergebnis wird in der Kapitalflussrechnung mit einem Minus dargestellt, da die Investitionen, und somit die Abflüsse, überwiegen.

5. Gewinn- und Verlustrechnung – nach Erfolgsquellen strukturiert

Tz. 46

GKV/UKV

Die Gewinn- und Verlustrechnung ist die Basis der Analyse der Ertragslage. Sie kann sowohl nach dem Gesamtkostenverfahren (§ 275 Abs. 2 HGB, IAS 1.102) als auch nach dem Umsatzkostenverfahren (§ 275 Abs. 3 HGB, IAS 1.103) aufgestellt werden. Die beiden Verfahren unterscheiden sich nur bis zur Größe „Betriebsergebnis“.

Gesamtkostenverfahren	**Umsatzkostenverfahren**
Umsatzerlöse	Umsatzerlöse
Bestandsveränderungen	Herstellungskosten zur Erzielung von Umsatzerlösen
Aktivierte Eigenleistungen	**Bruttoergebnis vom Umsatz**
Sonstige betriebliche Erträge	Vertriebskosten
Materialaufwand	Allgemeine Verwaltungskosten
Personalaufwand	Sonstige betriebliche Erträge
Abschreibungen	Sonstige betriebliche Aufwendungen
Sonstige betriebliche Aufwendungen	
(Betriebsergebnis)	**(Betriebsergebnis)**
Erträge aus Beteiligungen	
Erträge aus anderen Wertpapieren und Ausleihungen des Finanzanlagevermögens	
Sonstige Zinsen und ähnliche Erträge	
Abschreibungen auf Finanzanlagen und auf Wertpapiere des Umlaufvermögens	
Zinsen und ähnliche Aufwendungen	
(Finanzergebnis)	
Ergebnis der gewöhnlichen Geschäftstätigkeit	
Außerordentliche Erträge	
Außerordentliche Aufwendungen	
Außerordentliches Ergebnis	
Steuern vom Einkommen und Ertrag	
Sonstige Steuern	
Jahresüberschuss/Jahresfehlbetrag	
Ergänzende Angaben für Aktiengesellschaften nach § 158 AktG	
Gewinn-/Verlustvortrag aus dem Vorjahr	
Entnahmen aus der Kapitalrücklage	
Entnahmen aus Gewinnrücklagen	
Einstellungen in Gewinnrücklagen	
Bilanzgewinn/Bilanzverlust	

Bruttomethode

Die GuV wird wie die Bilanz nach der sog. Bruttomethode aufgestellt. Dies bedeutet, dass Aufwendungen nicht mit Erträgen bzw. Posten der Aktivseite nicht mit Posten der Passivseite saldiert werden dürfen (§ 246 Abs. 2 Satz 1 HGB). Durch den separaten Ausweis erhöht sich die Transparenz und somit der Informationsgehalt des zu analysierenden Jahresabschlusses.

Tz. 47

Erfolgsspaltung

Für Zwecke der Jahresabschlussanalyse wird die GuV vergleichbar mit der Vorgehensweise bei der Erstellung einer Strukturbilanz aufbereitet. Dieser Vorgang wird als Erfolgsspaltung bezeichnet. Deren Aufgabe ist es, das im Jahresabschluss ausgewiesene Ergebnis nach unterschiedlichen Gesichtspunkten darzustellen, um hierdurch tiefere Einblicke in die Ertragssituation des Unternehmens zu gewinnen. Unter I.5.5 (Tz. 52) findet sich ein Beispiel zur Erfolgsspaltung.

5.1 Operatives Ergebnis

Tz. 48

Betriebsergebnis

Das operative Ergebnis (auch Betriebsergebnis) ist das Ergebnis der gewöhnlichen Geschäftstätigkeit. Hier sind alle Aufwendungen und Erträge, die als geschäftstypisch zu betrachten sind, zusammengefasst. Es werden im operativen Ergebnis auch sonstige betriebliche Erträge und Aufwendungen berücksichtigt.

5.2 Finanzergebnis

Tz. 49

Finanzergebnis

Im Finanzergebnis sind alle Aufwendungen und Erträge erfasst, die Kapitalanlagen und Finanzierungen betreffen. Das Finanzergebnis wird unterteilt in das Zinsergebnis (Saldo aus Zinserträgen und -aufwendungen) und das Beteiligungsergebnis (Beteiligungserträge sowie Ergebnisse aus Gewinnabführungen und Verlustübernahmen). Das Finanzergebnis wird auch als Finanz- und Verbunderfolg bezeichnet.

5.3 Außerordentliches Ergebnis

Tz. 50

außerordentliches Ergebnis

Das außerordentliche Ergebnis berücksichtigt Aufwendungen und Erträge, die für das Unternehmen eher außergewöhnlich bzw. selten sind. Hierzu zählen zum Beispiel Abschreibungen aus Katastrophenschäden oder Betriebsstilllegungen, Versicherungserstattungen, (einmalige) staatliche Zuschüsse und Investitionszulagen.

5.4 Steuern vom Einkommen und Ertrag

Tz. 51

Steuern

Die Steueraufwendungen werden getrennt in den Posten „Steuern vom Einkommen und Ertrag“ und „sonstige Steuern“ erfasst. Neben den laufenden Steuerzahlungen des Geschäftsjahres werden hier Erstattungen und Nachzahlungen ausgewiesen. Unter „Steuern vom Einkommen und Ertrag“ werden die Körperschaftsteuer, der Solidaritätszuschlag und die Gewerbesteuer erfasst. Der Aufwand oder Ertrag aus der Veränderung bilanzierter latenter Steuern ist gesondert unter dem Posten „Steuern vom Einkommen und vom Ertrag“ auszuweisen (§ 274 Abs. 2 Satz 3 HGB).

5.5 Beispiel zur Erfolgsspaltung

Tz. 52

Sie erhalten von der Maibaum GmbH folgende Gewinn- und Verlustrechnung:

GuV 2010	**T€**	**T€**
Umsatzerlöse		10.791
Bestandserhöhungen		285
Sonstige betriebliche Erträge		
Erträge aus Auflösung des Sonderpostens	75	
Mieterträge	24	
Investitionszulage	50	
Sonstige Posten	136	285
Materialaufwand		-4.250
Personalaufwand		-3.578
Abschreibungen		-256
Sonstige betriebliche Aufwendungen		
Periodenfremde Aufwendungen	-12	
Aufwendungen für Fremdvermietung	-18	
Einstellung Einzelwertberichtigung	-60	
Sonstige Posten	-1.110	-1.200
Zinserträge		20
Zinsaufwendungen		-202
Ergebnis der gew. Geschäftstätigkeit		1.895
Außerordentliche Aufwendungen		-109
Steuern vom Einkommen und Ertrag		-475
Sonstige Steuern		-66
Jahresüberschuss		1.245
Einstellung in die Gewinnrücklage		-245
Bilanzgewinn		1.000

Anmerkung:
Der Bilanzgewinn soll in voller Höhe ausgeschüttet werden.

Ermitteln Sie den ordentlichen Betriebserfolg und das Finanzergebnis.

Der ordentliche Betriebserfolg kann wie folgt ermittelt werden:

	T€	
Jahresüberschuss	1.245	
Steuern vom Einkommen und Ertrag	475	
Außerordentliche Aufwendungen	109	
Zinsaufwendungen	202	
Zinserträge	-20	
Sonstige betriebliche Aufwendungen	90	(12 + 18 + 60)
Sonstige betriebliche Erträge	-149	(75 + 24 + 50)
Ordentlicher Betriebserfolg	1.952	

HINWEIS

Es ist auch möglich, den ordentlichen Betriebserfolg ausgehend von den Umsatzerlösen zu errechnen:

Umsatzerlöse	10.791
Bestandserhöhungen	285
Sonstige betriebliche Erträge	136
Materialaufwand	-4.250
Personalaufwand	-3.578
Abschreibungen	-256
Sonstige betriebliche Aufwendungen	-1.110
Sonstige Steuern	-66
	1.952

Das Finanzergebnis beträgt: -182.000 € (20.000 € - 202.000 €)

6. Kennzahlen

Tz. 53

Mittels Kennzahlen, die Verhältniszahlen oder absolute Zahlen sein können, lässt sich in einer konzentrierten und komprimierten Form über einen zahlenmäßig erfassbaren Sachverhalt berichten. Hierzu wird meist ein Vergleichsmaßstab (Soll-Ist-Vergleich, Branchenkennzahlen usw.) benötigt.

6.1 Absolute Zahlen als betriebswirtschaftliche Kennzahlen

Tz. 54

absolute Zahlen

Absolute Kennzahlen, auch Grundzahlen genannt, sind beispielsweise die Bilanzsumme, der Jahresüberschuss, die Umsatzerlöse, der Cashflow und der durchschnittliche Warenbestand. Die Grundzahlen können in Einzelzahlen, Summen, Differenzen oder Mittelwerte unterteilt werden, sodass folgendes Schema aufgestellt werden kann:

Absolute Zahlen	Beispiele
Einzelzahlen	Bankbestand, Inventurwert, Auftragseingang letzter Monat
Summen	Bilanzsumme, Umsatzerlöse
Differenzen	betriebsnotwendiges Kapital, Jahresüberschuss, Net Working Capital
Mittelwert	durchschnittlicher Warenbestand, durchschnittlicher Deckungsbeitrag einer Warengruppe

Tz. 55

Bestandszahl

Darüber hinaus werden Grundzahlen in Bestands- und Bewegungszahlen unterschieden. Bei einer **Bestandszahl** handelt es sich um eine statische Masse zu einem bestimmten Zeitpunkt. Beispiele hierfür sind der Lager- oder der Bankbestand.

Bewegungszahl

Im Gegensatz zu einer Bestandszahl bezieht sich eine **Bewegungszahl** auf Ereignisse in einem bestimmten Zeitraum, wie beispielsweise der durchschnittliche Lagerbestand einer Periode.

6.2 Verhältniszahlen als betriebswirtschaftliche Kennzahlen

Tz. 56

Verhältniszahlen

Verhältniszahlen, auch als relative Zahlen bezeichnet, werden dadurch gebildet, dass zwei absolute Zahlen zueinander in Beziehung gesetzt werden. Sie geben hierdurch das Verhältnis zweier aufeinander bezogener Größen an. Dies steigert den Aussagegehalt einer absoluten Zahl. Verhältniszahlen werden in Gliederungs-, Beziehungszahlen und Indexzahlen unterteilt:

Verhältniszahlen	Beispiel
Gliederungszahlen	Eigenkapitalquote, Umsatzrentabilität, Personalkostenanteil
Beziehungszahlen	Eigenkapitalrentabilität, Umsatz pro Mitarbeiter, Gewinn je Aktie, Kurs-Gewinn-Verhältnis
Indexzahlen	Preissteigerungsrate, Entwicklung von Aktienkursen (z. B. DAX)

HINWEIS

Bei Gliederungszahlen ist die Größe im Zähler des Quotienten stets ein Bestandteil des Nenners (z. B. Personalkosten zu Gesamtkosten).

6.3 Richtzahlen als branchentypische Durchschnittszahlen

Tz. 57

Richtzahlen

Richtzahlen sind statistische Durchschnittswerte, die meist branchenspezifisch gebildet werden. Diese dienen dann bei der Jahresabschlussanalyse als Benchmark für die jeweiligen einzelbetrieblichen Zahlen.

FRAGE

1.) Nennen Sie sechs potentielle Adressaten der Jahresabschlussanalyse.

- *Geschäftsführung,*
- *Lieferanten,*
- *Konkurrenzunternehmen,*
- *Mitarbeiter,*
- *Banken,*
- *potentielle Investoren (Tz. 2).*

2.) Wie lange hat eine Kapitalgesellschaft Zeit, ihren Jahresabschluss zu veröffentlichen? Geben Sie bitte die entsprechende Fundstelle an.

Die Veröffentlichungsfrist beträgt zwölf Monate bzw. bei kapitalmarktorientierten Unternehmen vier Monat nach dem Abschlussstichtag (§ 325 HGB; Tz. 3).

3.) Welche Unterlagen müssen von einer kleinen Kapitalgesellschaft veröffentlicht werden?

Kleine Kapitalgesellschaften müssen lediglich eine verkürzte Bilanz und einen verkürzten Anhang veröffentlichen (Tz. 5).

4.) Nennen Sie vier statistische Meldungen, die von Unternehmen gemacht werden müssen.

- *Intrastat,*
- *Kostenstrukturstatistik,*
- *Personalstandsstatistik,*
- *branchenspezifische Monatsstatistiken (Tz. 14).*

5.) Wie werden nicht eingeforderte ausstehende Einlagen in der Bilanz abgebildet?

Bei der gesetzlich vorgeschriebenen Nettomethode (§ 272 Abs. 1 HGB) werden nicht eingeforderte ausstehende Einlagen vom „Gezeichneten Kapital" offen abgesetzt (Tz. 19).

6.) Wie ist mit erhaltenen Anzahlungen auf Bestellungen bei der Aufstellung einer Strukturbilanz zu verfahren?

Im Regelfall werden erhaltene Anzahlungen auf Bestellungen mit den Vorräten verrechnet (Tz. 22).

7.) Was geschieht mit aktiven latenten Steuern bei der Erstellung einer Strukturbilanz?

Aktive latente Steuern werden mit dem Eigenkapital saldiert (Tz. 25).

8.) Wie werden stille Reserven bei der Erstellung einer Strukturbilanz berücksichtigt?

Stille Reserven werden aufgedeckt. Es wird jedoch aufgrund der später eintretenden Steuerbelastung ein entsprechender Betrag dem Fremdkapital zugewiesen (Tz. 34).

9.) Wie wird die linke Seite einer Bewegungsbilanz bezeichnet und was wird auf dieser dargestellt?

Auf der Mittelverwendungsseite werden die Aktivmehrungen, die Passivminderungen und gegebenenfalls die Ausschüttungen abgebildet (Tz. 40).

10.) In welche drei Bereiche wird eine Kapitalflussrechnung unterteilt?

Eine Kapitalflussrechnung wird in die Bereiche

- *laufende Geschäftstätigkeit,*
- *Investitionsbereich und*
- *Finanzierungsaktivitäten*

unterteilt (Tz. 45).

11.) Wie wird die Aufbereitung der GuV für Zwecke der Analyse bezeichnet?

Erfolgsspaltung (Tz. 47).

12.) Wie werden Aufwendungen und Erträge aus latenten Steuern in der GuV dargestellt? Geben Sie bitte die entsprechende Fundstelle an.

Der Aufwand oder Ertrag aus der Veränderung bilanzierter latenter Steuern ist gesondert unter dem Posten „Steuern vom Einkommen und vom Ertrag" auszuweisen (§ 274 Abs. 2 Satz 3 HGB, Tz. 51).

13.) Ordnen Sie die folgenden Kennzahlen anhand der Tabelle zu.

Kennzahl	Einzelzahl	Summe	Differenz	Mittelwert	Gliede-rungszahl	Bezie-hungszahl	Indexzahl
Bilanzsumme							
Umsatzerlöse							
Umsatz pro Mitarbeiter							
Ergebnis je Aktie							
Fremdkapital-quote							
Eigenkapital-rentabilität							
Preissteige-rungsrate							

Kennzahl	*Einzelzahl*	*Summe*	*Differenz*	*Mittelwert*	*Gliede-rungszahl*	*Bezie-hungszahl*	*Indexzahl*
Bilanzsumme		*X*					
Umsatzerlöse		*X*					
Umsatz pro Mitarbeiter						*X*	
Ergebnis je Aktie						*X*	
Fremdkapital-quote					*X*		
Eigenkapital-rentabilität						*X*	
Preissteige-rungsrate							*X*

II. Jahresabschlüsse vergleichend analysieren

1. Arten von Jahresabschlussanalysen

1.1 Statische Analysen

Tz. 58

Einzelanalyse

Die statische Analyse, auch Einzelanalyse genannt, bezieht sich nur auf einen einheitlichen Zeitpunkt oder Zeitraum. Bei dieser Zustands- oder Momentaufnahme des Unternehmens bleibt der Faktor Zeit unberücksichtigt. Dies hat zur Folge, dass beispielsweise bei der GuV nur die Daten einer einzigen Periode für die Bildung der Kennzahlen verwendet werden.

Die statische Analyse reicht jedoch nicht aus, um die gewonnenen Informationen bewerten zu können. Es ist daher erforderlich, die Kennzahlenrechnung als Vergleichsrechnung durchzuführen, denn nur so kann die Entwicklung des Unternehmens oder die Stellung am Markt beurteilt werden.

1.2 Vergleichsrechnungen

Tz. 59

vergleichende Analyse

Von einem Vergleich spricht man, wenn gleiche oder zumeist vergleichbare Größen, die sich auf unterschiedliche Zeitpunkte oder Zeiträume beziehen, zueinander ins Verhältnis gesetzt werden. Voraussetzung hierfür ist, dass das verwendete Datenmaterial unter den gleichen Prämissen errechnet wurde. Dies bedeutet insbesondere, dass der Ansatz und die Bewertung in den verschiedenen Perioden einheitlich vorgenommen werden.

Bei einer vergleichenden Analyse verschiedener Jahresabschlüsse eines Unternehmens sollte die Einheitlichkeit aufgrund der Vorschrift des § 252 Abs. 1 Nr. 6 HGB gewährleistet sein. Wegen der Einführung des BilMoG ist jedoch die gewünschte Kontinuität der Ansatz- und Bewertungsmethoden oftmals nicht gewährleistet.

1.2.1 Entwicklungs- und Zeitvergleich

Tz. 60

Zeitvergleich

Im Rahmen eines Entwicklungs- und Zeitvergleichs stellt man Werte gegenüber, die sich zwar auf unterschiedliche Zeitpunkte oder Zeiträume beziehen, aber dieselbe Größe betreffen. Es wird hierbei nur die Veränderung des Wertes aufgezeigt, eine Darstellung oder gar eine Analyse der Ursachen für die Veränderung ist jedoch durch einen Entwicklungs- und Zeitvergleich nicht möglich.

Ein Vorteil des Entwicklungs- und Zeitvergleichs ist, dass einmalige „Ausreißer" leicht erkannt werden können. Darüber hinaus wird die Auswirkung von bilanzpolitischen Maßnahmen, wie Gewinnverlagerungen in Folgeperioden, durch die mehrjährige Betrachtung transparent gemacht und kann für Zwecke der Analyse geglättet werden.

1.2.2 Unternehmensvergleich

Tz. 61

Unternehmensvergleich

Beim Unternehmensvergleich, auch zwischenbetrieblicher Vergleich genannt, werden in der Regel Unternehmen der gleichen Branche miteinander verglichen. In Einzelfällen können aber auch branchenübergreifende Vergleiche gefordert sein, beispielsweise wenn regionale Aspekte einbezogen werden. Durch den Unternehmensvergleich können Stärken und Schwächen des eigenen Betriebs aufgespürt und anschließend analysiert werden.

Der Unternehmensvergleich ist insbesondere dann aussagekräftig, wenn er großzahlig ist, also möglichst viele Unternehmen einbezogen werden. Darüber hinaus sollten strukturelle Unterschiede zwischen den einzelnen Unternehmen, beispielsweise bedingt durch den Standort, die Betriebsgröße und die Finanzstruktur, herausgearbeitet und bezeichnet werden.

1.2.3 Segmentvergleich

Tz. 62

Mittels des Segmentvergleichs werden einzelne Bereiche des Unternehmens gegenübergestellt. Betrachtet werden vor allem die jeweiligen Umsatzerlöse, Kosten und Erträge. Im Einzelnen wird hierzu auf Kapitel I.3.3.3 (Tz. 37) verwiesen. Segmentvergleich

1.2.4 Soll-/Ist-Vergleich

Tz. 63

Im Rahmen des Soll-/Ist-Vergleichs (auch als Normvergleich bezeichnet) werden den tatsächlichen Ist-Werten entweder konkrete Planwerte oder abstrakte Richtwerte gegenübergestellt. Der Unterschied zwischen Richt- und Planwerten ist, dass Richtwerte meist auf Erfahrungswerten der Vergangenheit oder auf Branchenerfahrungen resultieren, während Plandaten auf einer analytischen Erlös- und Kostenplanung beruhen, die unabhängig von den Vergangenheitswerten aufgestellt werden. Normvergleich

2. Bildung und Beurteilung von Kennzahlen

2.1 Zur Vermögenslage

Tz. 64

Die Vermögenslage bzw. -struktur eines Unternehmens wird untersucht, um Erkenntnisse über die Art und Zusammensetzung des Vermögens sowie über die Dauer der Vermögensbindung zu erlangen. Vermögensstruktur

Die Aktiva einer Bilanz spiegelt wider, in welcher Form Eigenkapital und Fremdkapital investiert wurde. Die Werte, die errechnet werden, sollten aber nicht branchenübergreifend verglichen werden. So hat die produzierende Industrie ein wesentlich höheres Anlagevermögen als der Handel.

Als erster Schritt werden das Anlage- und das Umlaufvermögen ins Verhältnis zum Gesamtvermögen gesetzt.

2.1.1 Anlageintensität/Arbeitsintensität

Tz. 65

$$\text{Anlageintensität} = \frac{\text{Anlagevermögen}}{\text{Gesamtvermögen}}$$

Anlagevermögen

$$\text{Arbeitsintensität} = \frac{\text{Umlaufvermögen}}{\text{Gesamtvermögen}}$$

Umlaufvermögen

Je größer der Anteil des Umlaufvermögens ist, desto größer ist die Liquidität des Unternehmens, da ein hohes Umlaufvermögen durch den schnellen Umschlag normalerweise kurzfristig Liquidität freisetzt, über die dann verfügt werden kann. Ein weiterer Vorteil des hohen Umlaufvermögens ist, dass dies meist auch bedeutet, dass niedrige Fixkosten vorhanden sind und somit im Krisenfall nur eine geringe dauerhafte Belastung vorliegt.

Ist die Anlageintensität niedrig, kann dies aber auch negative Gründe haben. So kann es ein Zeichen dafür sein, dass die Maschinen veraltet sind und bald ersetzt werden müssen. Um diese Erkenntnis zu erhalten, müssen noch weitere Kennziffern hinzugezogen werden (z. B. Anlagenabnutzungsgrad und Investitionsquote).

Einschränkend ist jedoch anzumerken, dass die Aussagekraft der Kennziffern durch folgende Faktoren stark eingeschränkt sein kann:

- Selbst geschaffene immaterielle Vermögensgegenstände des Anlagevermögens können erst seit Inkrafttreten des BilMoG aktiviert werden. Eine Nichtaktivierung kann zu großen Verzerrungen führen.
- Werden Vermögensgegenstände geleast, werden diese im Regelfall nicht beim Leasingnehmer bilanziert. Dieser hat einen höheren Fixkostenanteil als man aufgrund der Kennziffern vermuten könnte.
- Im Umlaufvermögen sind durchaus auch Positionen zu finden, die langfristig an das Unternehmen gebunden sind. Ein Beispiel hierfür ist insbesondere der eiserne Bestand. Trotz der langfristigen Bindung handelt es sich jedoch nicht um Anlagevermögen.
- Ein Problem ist auch, dass Umlaufvermögen zumindest im deutschen Handelsrecht zu aktuelleren Preisen bewertet wird als Anlagevermögen. Alleine hierdurch ergeben sich Verzerrungen, da aufgrund der allgemeinen Preissteigerungen die Anlageintensität tendenziell zu niedrig ausgewiesen wird.

2.1.2 Vorratsintensität

Tz. 66

Vorratsvermögen

Eine weitere wichtige Aussagekraft hat die Kennziffer der Vorratsintensität[3]:

$$\text{Vorratsintensität} = \frac{\text{durchschnittlicher Bestand an Vorräten}}{\text{Gesamtvermögen}}$$

Steigt die Vorratsintensität an, bedeutet dies, dass zunehmend mehr Kapital in den Beständen gebunden ist und das Unternehmen weniger liquide wird. Für die Steigerung können Absatzschwierigkeiten, Einkauf von großen Mengen bzw. mangelhafte Lagerorganisation die Ursache sein.

Des Weiteren wird die Umschlagsdauer des Vorratsvermögens mit folgender Formel festgestellt:

$$\text{Umschlagsdauer des Vorratsvermögens} = \frac{\text{durchschnittlicher Bestand an Vorräten}}{\text{Umsatzerlöse}} \times 365$$

Diese Kennziffer zeigt an, wie viele Tage die Vorräte durchschnittlich im Unternehmen verbleiben, bis sie veräußert werden. Der Vorratsbestand wird aus dem arithmetischen Mittel aus dem Anfangs- und Endbestand der untersuchten Periode ermittelt. Mittels dieser Kennzahl kann sowohl die kurzfristige Liquiditätsanalyse als auch die Wirtschaftlichkeit der Lagerhaltung untersucht werden. Schwankungen bei der Umschlagsdauer des Vorratsvermögens können folgende Ursachen haben:

- größere Einkäufe zur Ausnutzung von Rabatten oder eines derzeit günstigen Kaufpreises,
- Angebotsverknappungen an den Beschaffungsmärkten,
- saisonale Schwankungen des Kerngeschäfts,
- Erweiterung der Produktpalette,
- Abverkäufe wegen Sortimentsumstellung.

3 Bei den Formeln außerhalb der Beispielsfälle wird aus Übersichtsgründen auf absolute Ergebnisse abgestellt. Wird die Darstellung als Prozentwert gewünscht, muss die Formel um „× 100" ergänzt werden.

BEISPIEL

Ihnen liegt folgende Strukturbilanz vor (vgl. Tz. 38):

Aktiva	**T€**	**Passiva**	**T€**
Anlagevermögen	25.000	**Eigenkapital**	26.000
Umlaufvermögen		**Fremdkapital**	
monetäres Umlaufvermögen	19.000	langfristiges Fremdkapital	17.800
sonstiges Umlaufvermögen	10.000	mittelfristiges Fremdkapital	100
		kurzfristiges Fremdkapital	10.100
	54.000		54.000

AUFGABE

Errechnen Sie die Anlageintensität, die Vorratsintensität und die Arbeitsintensität. Gehen Sie hierbei davon aus, dass das sonstige Umlaufvermögen den Vorräten entspricht. Der Bestand an Vorräten zum vorhergehenden Bilanzstichtag betrug 8.000 T€.

LÖSUNG

Die geforderten Größen werden regelmäßig als Prozentwert dargestellt. Aus diesem Grund müssen die bekannten Formeln entsprechend erweitert werden:

$$\text{Anlagenintensität} = \frac{\text{Anlagevermögen}}{\text{Gesamtvermögen}} \times 100 = \frac{25.000}{54.000} \times 100 = 46{,}3\,\%$$

$$\text{Vorratsintensität} = \frac{\text{durchschnittlicher Bestand an Vorräten}}{\text{Gesamtvermögen}} \times 100$$

$$= \frac{(10.000 + 8.000) : 2}{54.000} \times 100 = 16{,}7\,\%$$

$$\text{Arbeitsintensität} = \frac{\text{Umlaufvermögen}}{\text{Gesamtvermögen}} \times 100 = \frac{19.000 + 10.000}{54.000} \times 100 = 53{,}7\,\%$$

2.1.3 Umschlagshäufigkeit

Tz. 67

Durch die Umschlagshäufigkeit kann gezeigt werden, wie oft ein Vermögens- oder ein Kapitalposten innerhalb einer bestimmten Betrachtungsperiode umgeschlagen wurde. Der jeweilige Umkehrwert drückt aus, in welcher Zeit der Wert einmal umgeschlagen wurde.

Umschlagshäufigkeit

$$\text{Umschlagshäufigkeit} = \frac{\text{Periodenveränderung}}{\text{durchschnittlicher Bestand}}$$

$$\text{Umschlagsdauer in Tagen} = \frac{\text{durchschnittlicher Bestand}}{\text{Periodenveränderung}} \times 365$$

Es lässt sich folgende einfache Regel aufstellen:

Je höher die Umschlagshäufigkeit ist, desto kürzer ist die Umschlagsdauer.

Dies bedeutet, dass eine steigende Umschlagshäufigkeit zu geringerer Kapitalbindung führt.

2.1.4 Gesamtvermögen

Tz. 68

$$\text{Umschlagshäufigkeit} = \frac{\text{Umsatzerlöse}}{\text{durchschnittliches Gesamtvermögen}}$$

Gesamtvermögen

Der Umschlag des Gesamtvermögens, häufig als Kapitalumschlag bezeichnet, gibt an, wie oft das eingesetzte Kapital in das Unternehmen zurückfließt. Je schneller der Rückfluss ist, desto liquider ist das Unternehmen. Ein Kapitalumschlag von 2 bedeutet, dass mit 1 € Kapital 2 € Umsatz erzielt werden. Vor allem der Handel ist auf einen hohen Kapitalumschlag angewiesen.

ROI

Der Kapitalumschlag ist einer der beiden Bestandteile des Return on Investment (ROI). Eine Steigerung der Umschlagshäufigkeit kann beispielsweise aus einer Reduzierung der Buchwerte des Anlagevermögens oder durch Leasing herbeigeführt werden.

2.1.5 Sachanlagevermögen (SAV)

Tz. 69

$$\text{Umschlagshäufigkeit} = \frac{\text{Abschreibung SAV + Abgänge zu Restbuchwerten}}{\text{durchschnittliches SAV}}$$

Sachanlagevermögen

Bei der Errechnung dieser Kennzahl werden außerplanmäßige Abschreibungen grundsätzlich nicht berücksichtigt, da diese das Ergebnis verzerren würden. Darüber hinaus beschränken sich die Werte auf das Sachanlagevermögen. Immaterielle Vermögensgegenstände werden außen vor gelassen, da aufgrund des handelsrechtlichen Aktivierungswahlrechts für selbst geschaffene immaterielle Vermögensgegenstände (§ 248 Abs. 2 HGB)[4] die Aussagekraft der Kennziffer gering wäre.

2.1.6 Vorratsvermögen

Tz. 70

$$\text{Umschlagshäufigkeit} = \frac{\text{Umsatzerlöse}}{\text{durchschnittlicher Bestand an Vorräten}}$$

Vorratsvermögen

Diese Kennziffer gibt an, wie oft der Bestand an Vorräten in der jeweiligen Betrachtungsperiode umgeschlagen wurde.

Der durchschnittliche Bestand des Vorratsvermögens ermittelt sich aus dem Mittel des Bestandes zu Jahresende und zu Jahresanfang. Aussagekräftiger wäre es, die jeweiligen Monatsbestände als Basis heranzuziehen.

Auf dieser Basis lässt sich auch die Umschlagsdauer des Vorratsvermögens errechnen:

$$\text{Umschlagsdauer des Vorratsvermögens} = \frac{\text{durchschnittlicher Bestand an Vorräten}}{\text{Umsatzerlöse}} \times 365$$

Hierdurch kann angezeigt werden, wie viele Tage die Vorräte im Durchschnitt an das Unternehmen gebunden sind. Ist die Umschlagsdauer gering, kann dies bedeuten, dass das Unternehmen Liquiditätsengpässe durch den laufenden Umsatzprozess abschwächen kann.

4 Vor Inkrafttreten des BilMoG bestand hinsichtlich selbst geschaffener immaterieller Vermögensgegenstände ein Aktivierungsverbot (§ 248 Abs. 2 HGB a. F.).

2.1.7 Forderungen

Tz. 71

$$\text{Umschlagshäufigkeit} = \frac{\text{Umsatzerlöse}}{\text{durchschnittlicher Bestand an Forderungen aLL}}$$

Forderungen

Bei der Berechnung der Kennziffer muss darauf geachtet werden, dass alle Beträge mit dem Nettowert (also ohne Umsatzsteuer) einbezogen werden. Darüber hinaus sollten abgesetzte Einzel- und Pauschalwertberichtigungen zum Bestand der Forderungen aus Lieferungen und Leistungen wieder hinzugerechnet werden.

Aussagekräftiger als die Umschlagshäufigkeit der Forderungen aus Lieferungen und Leistungen ist deren Umschlagsdauer, das sog. Kundenziel:

$$\text{Kundenziel} = \frac{\text{durchschnittlicher Bestand an Forderungen aLL}}{\text{Umsatzerlöse}} \times 365$$

Diese Kennziffer erlaubt Rückschlüsse auf das Zahlungsverhalten der Kunden. Es lässt sich ablesen, wie lange es dauert, bis die Umsatzerlöse liquiditätswirksam werden. Soll der Wert verbessert werden, kann das Unternehmen versuchen, die Kunden durch Skonti und Boni bzw. durch ein strafferes Mahnwesen zur Zahlung zu motivieren.

Tz. 72

Verbindlichkeiten

Die Kennziffer lässt sich natürlich auch hinsichtlich der Verbindlichkeiten aus Lieferungen und Leistungen ermitteln. Das sog. Lieferantenziel errechnet sich wie folgt:

$$\text{Lieferantenziel} = \frac{\text{durchschnittlicher Bestand an Verb. aLL}}{\text{Wareneingang}} \times 365$$

Der Wareneingang beinhaltet neben dem Materialaufwand auch die Aufwendungen für Roh-, Hilfs- und Betriebsstoffe und für bezogene Leistungen sowie die Bestandsveränderungen. Auch hier muss wieder darauf geachtet werden, dass die Werte ohne Umsatzsteuer einbezogen werden.

Idealerweise sollte das Kundenziel geringer als das Lieferantenziel sein.

BEISPIEL

Ihnen liegt folgende Strukturbilanz vor (vgl. Tz. 38):

Aktiva	**T€**	**Passiva**	**T€**
Anlagevermögen	25.000	**Eigenkapital**	26.000
Umlaufvermögen		**Fremdkapital**	
monetäres Umlaufvermögen	19.000	langfristiges Fremdkapital	17.800
sonstiges Umlaufvermögen	10.000	mittelfristiges Fremdkapital	100
		kurzfristiges Fremdkapital	10.100
	54.000		54.000

AUFGABE

Errechnen Sie die Umschlagshäufigkeit des Gesamtvermögens, des Vorratsvermögens und das Kundenziel sowie die Umschlagsdauer des Vorratsvermögens. Gehen Sie hierbei davon aus, dass das sonstige Umlaufvermögen den Vorräten entspricht. Der Bestand an Vorräten zum vorhergehenden Bilanzstichtag betrug 8.000 T€. Darüber hinaus ist Ihnen bekannt, dass im monetären Umlaufvermögen Kundenforderungen in Höhe von 10.500 T€ (Vorjahr 9.500 T€) enthalten sind. Die Umsatzerlöse der Betrachtungsperiode betragen 50.000 T€. Die Bilanzsumme belief sich im Vorjahr auf 60.000 T€.

LÖSUNG

$$\text{Kapitalumschlag} = \frac{\text{Umsatzerlöse}}{\text{durchschnittl. Gesamtvermögen}} = \frac{50.000}{(54.000 + 60.000) : 2} = 0{,}88$$

$$\text{Umschlagshäufigkeit} = \frac{\text{Umsatzerlöse}}{\text{durchschnittl. Bestand an Vorräten}} = \frac{50.000}{(10.000 + 8.000) : 2} = 5{,}56$$

$$\text{Kundenziel} = \frac{\text{durchschnittlicher Bestand an Forderungen aLL}}{\text{Umsatzerlöse}} \times 365$$

$$= \frac{(10.500 + 9.500) : 2}{50.000} \times 365 = 73\ \text{Tage}$$

$$\text{Umschlagsdauer des Vorratsvermögens} = \frac{\text{durchschnittlicher Bestand an Vorräten}}{\text{Umsatzerlöse}} \times 365$$

$$= \frac{9.000}{50.000} \times 365 = 65{,}7\ \text{Tage}$$

2.1.8 Investitionsquote/Wachstumsquote

Tz. 73

Investition und Wachstum

$$\text{Investitionsquote} = \frac{\text{Nettoinvestitionen in das Sachanlagevermögen}}{\text{historische AK/HK des Sachanlagevermögens zum Beginn der Periode}}$$

$$\text{Wachstumsquote} = \frac{\text{Nettoinvestitionen in das Sachanlagevermögen}}{\text{Jahresabschreibungen auf Sachanlagen}}$$

Die Investitions- und die Wachstumsquote sind Kennziffern zur Anzeige des Unternehmenswachstums. Die Nettoinvestitionen sind dabei definiert als die Differenz zwischen den im Anlagegitter ausgewiesenen Zugängen des Geschäftjahres und den zu Restbuchwerten bewerteten Abgängen. Die Restbuchwerte der Anlagenabgänge sind oftmals nicht unmittelbar aus dem Anlagengitter zu ermitteln. In diesen Fällen kann der Wert mit folgender Näherungsrechnung ermittelt werden:

	Restbuchwert zum Jahresanfang
+	Zugänge des Geschäftsjahres
-	Abschreibungen des Geschäftsjahres
+	Zuschreibungen des Geschäftsjahres
-	Restbuchwert zu Jahresende
=	Restbuchwert der Abgänge

Bei der Berechnung der Investitionsquote werden die historischen AK/HK des Sachanlagevermögens teilweise nicht zu Beginn des Geschäftsjahres, sondern mit dem Mittel- oder Endwert ausgewiesen.

Liegt die Wachstumsquote über 1 bzw. 100 % bedeutet dies, dass im Unternehmen mehr investiert wurde als die laufende Wertminderung durch Abschreibungen beträgt. Die Kennziffer wird teilweise auch reziprok dargestellt und als Investitionsdeckung bezeichnet.

Investitionsneigung

Um die Investitionsneigung eines Unternehmens darzustellen wird meist zusätzlich folgende Kennziffer errechnet:

$$\text{Investitionen in \% der Gesamtleistung} = \frac{\text{Nettoinvestitionen in das Sachanlagevermögen}}{\text{Gesamtleistung}} \times 100$$

Vor allem im Zeitvergleich kann erkannt werden, wie sich die Investitionsneigung eines Unternehmens entwickelt. Die Gesamtleistung setzt sich aus Umsatzerlösen, Bestandsveränderungen und aktivierten Eigenleistungen zusammen.

2.1.9 Abschreibungsquote

Tz. 74

Abschreibungsquote

$$\text{Abschreibungsquote} = \frac{\text{Jahresabschreibungen auf das SAV}}{\text{historische AK/HK des SAV zum Ende der Periode}}$$

Wird die Abschreibungsquote im Zeitvergleich betrachtet, können Aussagen zur Investitionspolitik des Unternehmens gemacht werden. Sinkt die Abschreibungsquote im Zeitablauf bei gleichzeitig abnehmender Investitionsquote kann dies bedeuten, dass das Unternehmen von seiner Substanz lebt.

2.1.10 Anlagenabnutzungsgrad

Tz. 75

Anlagenabnutzungsgrad

$$\text{Anlagenabnutzungsgrad} = \frac{\text{kumulierte Abschreibungen auf das SAV}}{\text{historische AK/HK des SAV zum Ende der Periode}}$$

Aus dem Anlagenabnutzungsgrad kann das Alter der Sachanlagen abgeleitet werden. So kann eine Aussage über die Reinvestitionspolitik des Unternehmens getroffen werden. Ein hoher Wert deutet darauf hin, dass die Sachanlagen bereits stark abgenutzt sind und bald Ersatzinvestitionen anfallen werden. Ein niedrigerer Wert kann bedeuten, dass das durchschnittliche Alter der Sachanlagen relativ niedrig ist.

BEISPIEL

Ihnen liegt das folgende Anlagengitter der A-AG zum 31. 12. 2010 vor (Werte in T€):

AHK 1. 1. 2010	Zugänge	Abgänge	Umbuchungen	Abschreibungen kumuliert	Abschreibungen des GJ	Zuschreibungen	Buchwert 31. 12. 10	Buchwert 31. 12. 09
20.800	6.000	3.200	-	9.500	2.000	-	14.100	12.000

AUFGABE

Errechnen Sie folgende Kennzahlen und beurteilen Sie das Ergebnis:

a) Anlagenabnutzungsgrad
b) Investitionsquote
c) Abschreibungsquote

LÖSUNG

a)

$$\text{Anlagenabnutzungsgrad} = \frac{\text{kumulierte AfA auf SAV}}{\text{Bestand SAV zu AHK am Periodenende}} \times 100$$

$$= \frac{9.500}{20.800 + 6.000 - 3.200} \times 100$$

$$= \frac{9.500}{23.600} \times 100 = 40{,}25\,\%$$

Der Anlagenbestand ist mit einer Abnutzung von 40,25 % nicht überaltert.

b)

$$\text{Investitionsquote} = \frac{\text{Netto-Investitionen d. SAV}}{\text{Anfangsbestand SAV zu AHK}} \times 100$$

$$\text{Netto-Investitionen} = BW_{Ende} - BW_{Anfang} + \text{AfA oder}$$
$$\text{Zugänge - RBW Anlagenabgänge} =$$
$$\text{Zugänge} - (BW_{Anfang} + \text{Zugänge} - \text{AfA lfd. Jahr} - BW_{Ende})$$

$$\text{Netto-Investitionen} = 14.100 - 12.000 + 2.000 = 4.100 \text{ oder}$$
$$6.000 - (12.000 + 6.000 - 2.000 - 14.100) = 4.100$$

$$\text{Investitionsquote} = \frac{4.100}{20.800} \times 100 = 19{,}71\,\%$$

Die Investitionsquote ist sehr hoch und lässt auf eine solide Zukunftsvorsorge schließen.

c)

$$\text{Abschreibungsquote} = \frac{\text{AfA d. Geschäftsjahres d. SAV}}{\text{Bestand SAV zu AHK am Periodenende}} \times 100$$

$$= \frac{2.000}{23.600} \times 100 = 8{,}47\,\%$$

Die Abschreibungsquote erscheint mit 8,47 % etwas niedrig. Das Sachanlagevermögen kann jedoch auch einen betrieblichen Gebäudebestand umfassen.

2.2 Zur Finanzlage

Tz. 76

Finanzierungsanalyse

Ein Kernbereich der Jahresabschlussanalyse ist die Untersuchung der Kapitalstruktur hinsichtlich der Zusammensetzung des überlassenen Kapitals nach Art und Überlassungsdauer. Dieser Analysebereich wird auch als Finanzierungsanalyse bezeichnet. Neben dem Verhältnis von Eigen- und Fremdkapital zum Gesamtkapital wird hier insbesondere auch die Liquidität und die Anlagendeckung untersucht.

2.2.1 Eigenkapital

Tz. 77

EK-Vorteile

Die Eigenkapitalausstattung ist von besonderem Interesse, da Eigenkapital u. a. folgende Charakteristika aufweist:

- Das Eigenkapital hat eine **Haftungsfunktion**. Je mehr Eigenkapital vorhanden ist, desto größer ist grundsätzlich die Haftungssubstanz und desto kleiner ist die Gefahr einer bilanziellen Überschuldung.
- Eigenkapital hat eine **akquisitorische Wirkung**. Dies bedeutet, dass das Eigenkapital aufgrund seiner bestandssichernden Funktion die Beschaffung von Fremdkapital erleichtert.
- Wenn sich ein Unternehmen größtenteils aus Eigenmitteln finanziert, besteht eine gewisse **Unabhängigkeit von Kreditgebern**.
- Die Finanzierung mit Eigenkapital verursacht im Gegensatz zur Finanzierung mit Fremdkapital **keine festen Tilgungs- und Zinszahlungen**. Eigenkapitalgeber erwarten zwar auch eine „Verzinsung" ihres eingesetzten Kapitals in Form einer Dividende. Diese kann jedoch im Gegensatz zu Fremdkapitalzinsen in Krisenzeiten ausgesetzt werden.

2.2.1.1 Entwicklung

Tz. 78

Wird die Eigenkapitalquote im Zeitablauf untersucht, darf nicht nur auf deren Höhe geachtet werden. Es muss auch beachtet werden, dass beispielsweise durch den Verkauf von Anlagevermögen zwar die Eigenkapitalquote gesteigert werden kann – zum einen durch Aufdeckung stiller Reserven, zum anderen durch Rückführung von Fremdkapital – sich die Lage des Unternehmen jedoch nicht wirklich ändert. Es wurde also keine positive Unternehmensentwicklung erreicht, obwohl ein ausschließlicher Blick auf die Entwicklung der Eigenkapitalquote diesen Eindruck erzeugen könnte. EK-Quote Risiken

2.2.1.2 Quote

Tz. 79

$$\text{Eigenkapitalquote} = \frac{\text{Eigenkapital}}{\text{Gesamtkapital}}$$

EK-Quote Zielwert

In der Theorie wird eine Eigenkapitalquote von 0,3 bzw. 30 % als ideal angesehen. In der Realität beträgt die Eigenkapitalquote in Deutschland je nach Branche zwischen 15 % und 25 %.

2.2.2 Verschuldungskoeffizient

Tz. 80

Die Fremdkapitalquote, auch als Anspannungs- oder Verschuldungskoeffizient bezeichnet, errechnet sich wie folgt: FK-Quote

$$\text{Fremdkapitalquote} = \frac{\text{Fremdkapital}}{\text{Gesamtkapital}}$$

In diesem Zusammenhang wird auch oftmals der statische Verschuldungsgrad ermittelt:

$$\text{Verschuldungsgrad} = \frac{\text{Fremdkapital}}{\text{Eigenkapital}}$$

Korrespondierend zu den in Tz. 79 genannten Sollwerten wird hier ein Wert von 2,33 : 1 (Eigenkapitalquote von 30 %) bzw. von 4 : 1 (Eigenkapitalquote von 20 %) erwartet.

2.2.3 Leverage-Effekt

Tz. 81

Grundsätzlich ist es zwar erstrebenswert, möglichst wenig Fremdkapital zu benötigen. Durch den Einsatz von kostengünstigem Fremdkapital kann jedoch die Rentabilität des Eigenkapitals gesteigert werden, wenn die Kosten einer fremdfinanzierten Investition geringer sind als die Rentabilität der Investition (sog. Leverage-Effekt). Auf dieses Phänomen wird in Tz. 98 noch ausführlich eingegangen. Leverage-Effekt

2.2.4 Bilanzkurs

Tz. 82

$$\text{Bilanzkurs} = \frac{\text{bilanzielles Eigenkapital}}{\text{gezeichnetes Kapital}}$$

Bilanzkurs vs. Börsenkurs

Der Bilanzkurs eignet sich hervorragend, wenn man schnell den „Gesundheitszustand“ mehrerer Unternehmen vergleichen will. Er ist nicht gleichzusetzen mit dem meist höheren Börsenkurs. Dass der Börsenkurs höher als der Bilanzkurs ist, liegt daran, dass im Börsenkurs sowohl stille Reserven als auch Hoffnungen in die Zukunft berücksichtigt sind, im Bilanzkurs dagegen nicht. Wenn der Börsenkurs weit über dem Bilanzkurs liegt, ist dies ein Indiz, dass die Aktionäre zur Aufnahme junger Aktien bereit sind, insbesondere dann, wenn das Kurs-Gewinn-Verhältnis ebenfalls hoch ist.

2.2.5 Anlagendeckungsgrad und -finanzierungsgrad

Tz. 83

Anlagendeckung

Es gilt als sehr wichtig, dass die sog. Fristenkongruenz gewahrt ist. Das bedeutet, dass die Vermögensbestandteile (Anlage- bzw. Umlaufvermögen) entsprechend der Verweildauer im Unternehmen finanziert werden müssen. Langfristig im Unternehmen befindliches Vermögen soll durch langfristiges Kapital finanziert werden. Dieser Grundsatz wird die goldene Bilanzregel genannt.

Zur Ermittlung der Anlagendeckung werden folgende Kennzahlen verwendet:

$$\text{Anlagendeckungsgrad I} = \frac{\text{Eigenkapital}}{\text{Anlagevermögen}}$$

$$\text{Anlagendeckungsgrad II} = \frac{\text{Eigenkapital + langfristiges Fremdkapital}}{\text{Anlagevermögen}}$$

$$\text{Anlagendeckungsgrad III} = \frac{\text{Eigenkapital + langfristiges Fremdkapital}}{\text{Anlagevermögen + langfristig gebundenes Umlaufvermögen}}$$

In der Praxis findet der Anlagendeckungsgrad I fast nie Verwendung, da langfristiges Fremdkapital dem Unternehmen ebenfalls langfristig zur Verfügung steht. Nach der goldenen Bilanzregel sollte der Anlagendeckungsgrad II mindestens 1 (100 %) betragen. In der Praxis liegt der Wert jedoch häufig unter dieser Sollmarke.

Da oftmals auch Umlaufvermögen, wie der eiserne Bestand, langfristig im Unternehmen gebunden ist, wird die Formel zur Ermittlung des Anlagendeckungsgrads III um langfristig gebundenes Umlaufvermögen erweitert.

2.2.6 Liquiditätsrelationen

Tz. 84

Liquiditätsanalyse

Um die kurzfristige Liquiditätsanalyse durchführen zu können, werden Liquiditätsgrade ermittelt, die sich durch die Fristigkeit der in die Untersuchung einbezogenen Bilanzpositionen unterscheiden. Der Gedanke, der allen Liquiditätskennziffern zugrunde liegt, ist der, dass das finanzielle Gleichgewicht gewahrt ist, wenn kurzfristige Verbindlichkeiten auch durch kurzfristig liquidierbares Vermögen getilgt werden können bzw. zur Tilgung der langfristigen Verbindlichkeiten zwar weite Teile des Umlaufvermögens, aber keinesfalls das Anlagevermögen veräußert werden muss.

2.2.6.1 Liquidität 1. Grades

$$\text{Liquidität 1. Grades} = \frac{\text{liquide Mittel}}{\text{kurzfristiges Fremdkapital}}$$

Zu den liquiden Mitteln werden

- Barvermögen, Schecks,
- kurzfristig verfügbares Bankguthaben und
- jederzeit veräußerbare Wertpapiere des Umlaufvermögens gerechnet.

Die Aussagefähigkeit dieses Wertes, der auch Barliquidität genannt wird, ist wegen der stichtagsbezogenen Betrachtungsweise sehr begrenzt. Er hat nur bei der Betrachtung der Werte eines Unternehmens über mehrere Jahre eine Bedeutung. Für Zwecke der externen Analyse wird er kaum verwendet.

Barliquidität

2.2.6.2 Liquidität 2. Grades

$$\text{Liquidität 2. Grades} = \frac{\text{Finanzumlaufvermögen}}{\text{kurzfristiges Fremdkapital}}$$

Die liquiden Mittel werden um leicht liquidierbare Vermögenswerte erweitert. Zu diesen zählen die Forderungen aus Lieferungen und Leistungen, die sonstigen Vermögensgegenstände sowie die aktiven Rechnungsabgrenzungsposten. Das Ergebnis sollte mindestens 1 (100 %) betragen, denn nur so kann sichergestellt werden, dass die kurzfristigen Verbindlichkeiten ohne Aufnahme von Fremdkapital getilgt werden können.

Finanzumlaufvermögen

2.2.6.3 Liquidität 3. Grades

$$\text{Liquidität 3. Grades} = \frac{\text{Umlaufvermögen}}{\text{kurzfristiges Fremdkapital}}$$

Diese Kennziffer hat den höchsten Wert bei der Insolvenzfrüherkennung. Hier wird unterstellt, dass das gesamte Umlaufvermögen veräußert werden kann, um das kurzfristige Fremdkapital zu decken. Da eine gesamte Veräußerung des Umlaufvermögens aus mehreren Gründen nicht denkbar ist, soll dieser Wert nach der sog. amerikanischen Bankregel mindestens 200 % betragen. Auch dieser Wert wird in der Praxis oftmals nicht erreicht. Sinkt der Wert unter 100 %, ist die Zahlungsfähigkeit des Unternehmens stark gefährdet.

amerikanische Bankregel

2.2.7 Net Working Capital

Tz. 85

Net Working Capital = Umlaufvermögen - kurzfristiges Fremdkapital

Ermittlung der Liquiditätsreserven

Aus der Liquidität 3. Grades lässt sich das Net Working Capital ableiten. Es handelt sich hierbei um das Umlaufvermögen abzüglich der kurzfristigen Verbindlichkeiten. Je größer die Differenz ist, desto mehr Liquiditätsreserven stehen dem Unternehmen zur Verfügung, um auf Schwankungen der Einkaufspreise, auf Wechselkursänderungen, auf Veränderungen des Zinsniveaus und auf vieles mehr zu reagieren.

Ist das Net Working Capital negativ, bedeutet dies, dass Anlagevermögen durch kurzfristiges Fremdkapital finanziert wurde. Das Unternehmen ist in seiner Liquidität gefährdet.

2.2.8 Selbstfinanzierungsgrad

Tz. 86

$$\text{Selbstfinanzierungsgrad} = \frac{\text{Gewinnrücklagen}}{\text{Eigenkapital}}$$

Selbstfinanzierung

Der Selbstfinanzierungsgrad gibt über die Thesaurierungsfähigkeit und -willigkeit des Unternehmens in der Vergangenheit Auskunft. Hierbei muss jedoch beachtet werden, dass die Kennzahl durch Kapitalerhöhungen aus Gesellschaftsmitteln beeinflusst wird.

BEISPIEL

Ihnen liegt folgende Strukturbilanz vor (vgl. Tz. 38):

Aktiva	**T€**	**Passiva**	**T€**
Anlagevermögen	25.000	**Eigenkapital**	26.000
Umlaufvermögen		**Fremdkapital**	
monetäres Umlaufvermögen	19.000	langfristiges Fremdkapital	17.800
sonstiges Umlaufvermögen	10.000	mittelfristiges Fremdkapital	100
		kurzfristiges Fremdkapital	10.100
	54.000		54.000

AUFGABE

Errechnen Sie die Eigenkapitalquote, den Verschuldungskoeffizienten, den Anlagendeckungsgrad III, die Liquidität 2. Grades sowie den Selbstfinanzierungsgrad.

Gehen Sie hierbei davon aus, dass im sonstigen Umlaufvermögen ein eiserner Bestand von 500 T€ enthalten ist. Darüber hinaus ist Ihnen bekannt, dass im monetären Umlaufvermögen Kundenforderungen in Höhe von 10.500 T€ enthalten sind. Die flüssigen Mittel belaufen sich auf 4.000 T€. Die Gewinnrücklagen betragen 6.000 T€.

LÖSUNG

$$\text{Eigenkapitalquote} = \frac{\text{Eigenkapital}}{\text{Gesamtkapital}} \times 100 = \frac{26.000}{54.000} \times 100 = 48{,}15\,\%$$

$$\text{Verschuldungskoeffizient} = \frac{\text{Fremdkapital}}{\text{Gesamtkapital}} \times 100 = \frac{17.800 + 100 + 10.100}{54.000} \times 100 = 51{,}85\,\%$$

$$\text{Anlagendeckungsgrad III} = \frac{\text{Eigenkapital + langfristiges Fremdkapital}}{\text{Anlagevermögen + langfristig gebundenes Umlaufvermögen}} \times 100$$

$$= \frac{26.000 + 17.800}{25.000 + 500} \times 100 = 171{,}76\,\%$$

$$\text{Liquidität 2. Grades} = \frac{\text{Finanzumlaufvermögen}}{\text{kurzfr. Fremdkapital}} \times 100 = \frac{4.000 + 10.500}{10.100} \times 100 = 143{,}56\,\%$$

$$\text{Selbstfinanzierungsgrad} = \frac{\text{Gewinnrücklagen}}{\text{Eigenkapital}} \times 100 = \frac{6.000}{26.000} \times 100 = 23{,}08\,\%$$

2.3 Zur Ertragslage

2.3.1 Betriebserfolg nach betriebswirtschaftlichen Grundsätzen

Tz. 87

Erfolgsspaltung

Die Analyse der Ertragslage ist ein wesentlicher Bestandteil der Jahresabschlussanalyse zur Ermittlung der Rentabilität des Unternehmens und damit sowohl zur Ermittlung der Zukunftsfähigkeit als auch der Ausschüttungsfähigkeit. Durch eine sog. Erfolgsspaltung wird die handelsrechtliche GuV aufbereitet, um den Betriebserfolg nach betriebswirtschaftlichen Gesichtspunkten ausweisen zu können. Auf das entsprechende Beispiel in Tz. 52 wird verwiesen.

2.3.2 Cashflow

Tz. 88

Cashflow-Beispiel

Hinsichtlich der Ermittlung des Cashflow wird auf die Ausführungen in den Tz. 43 bis 45 und insbesondere auf das Beispiel zu Tz. 45 verwiesen. Als Ergänzung hierzu wird neben der bereits vorgestellten indirekten Methode mittels eines Beispiels der Unterschied zur direkten Methode demonstriert.

BEISPIEL

Ihnen sind folgende Daten bekannt:

► einzahlungswirksamer Ertrag	500.000 €
► einzahlungsloser Ertrag	100.000 €
► auszahlungswirksamer Aufwand	- 300.000 €
► auszahlungsloser Aufwand	- 50.000 €
► Jahresüberschuss	250.000 €

Direkte Methode:

► einzahlungswirksamer Ertrag	500.000 €
► auszahlungswirksamer Aufwand	- 300.000 €
► Cashflow	200.000 €

Indirekte Methode:

► Jahresüberschuss	250.000 €
► einzahlungsloser Ertrag	- 100.000 €
► auszahlungsloser Aufwand	+ 50.000 €
► Cashflow	200.000 €

Folgende Kennzahlen lassen sich u. a. mittels des Cashflow ermitteln:

Tz. 89

$$\text{Cashflow-Umsatzrate} = \frac{\text{Cashflow}}{\text{Umsatzerlöse}}$$

Die Cashflow-Umsatzrate gibt an, welcher Anteil des Umsatzes als finanzwirtschaftlicher Ertrag liquiditätswirksam zurückgeflossen ist und für Selbstfinanzierungen, Schuldentilgungen oder Ausschüttungen zur Verfügung steht. Je höher der Wert ist, desto höher ist der finanzielle Überschuss der betrachteten Periode. Der Wert wird häufig als Prozentzahl ausgedrückt. Hierfür muss das Formelergebnis mit 100 multipliziert werden. Cashflow-Umsatzrate

Tz. 90

$$\text{Cashburn-Rate} = \frac{\text{liquide Mittel}}{\text{Cashdrain}}$$

Bei jungen Unternehmen oder Unternehmen in der Krise wird oftmals die Cashburn-Rate errechnet. Diese gibt an, wann bei einem Unternehmen mit dem Verbrauch der vorhandenen liquiden Mittel zu rechnen ist. Je höher dieser Wert ist, desto länger wird es dauern, bis die Finanzreserven aufgezehrt sind. Im Nenner der Formel ist der Cashdrain zu finden. Hierbei handelt es sich um den negativen Cashflow. Cashburn-Rate

Tz. 91

$$\text{dynamischer Verschuldungsgrad} = \frac{\text{Effektivverschuldung}}{\text{Cashflow}}$$

Der dynamische Verschuldungsgrad wird in der Jahresabschlussanalyse mittlerweile oftmals durch seinen Kehrwert dargestellt: Verschuldung

$$\text{Entschuldungsgrad} = \frac{\text{Cashflow}}{\text{Effektivverschuldung}}$$

Entschuldung

Der Entschuldungsgrad gibt an, welcher Teil der Effektivverschuldung durch den Cashflow getilgt werden kann. Diese Kennzahl unterstellt jedoch, dass der ganze Cashflow zur Schuldentilgung verwendet wird, was aber meist nicht der Fall sein dürfte. Ungeachtet dessen kann am dynamischen Verschuldungsgrad sichtbar gemacht werden, welche Möglichkeiten der Selbstfinanzierung das Unternehmen hat. Soll der Wert als Prozentwert dargestellt werden, ist das Ergebnis mit 100 zu vervielfältigen.

Die Effektivverschuldung wird meist wie folgt errechnet:

$$\text{Effektivverschuldung} = \text{Fremdkapital} - \text{Pensionsrückstellungen} - \text{liquide Mittel}$$

Tz. 92

$$\text{Innenfinanzierungsgrad der Investitionen} = \frac{\text{Cashflow}}{\text{Zugänge des Anlagevermögens}}$$

Innenfinanzierung

Diese Kennzahl zeigt, in welchem Umfang neu getätigte Investitionen aus eigener Kraft finanziert werden können. Ist der Wert größer 1 war das Unternehmen in der Lage, vollumfänglich aus eigenen Mitteln zu finanzieren. Auch hier gilt: Wenn ein Prozentwert gewünscht ist, muss das Formelergebnis mit 100 multipliziert werden.

2.3.3 Aufwandsstruktur

Tz. 93

Intensitäten

Diese Kennzahlen geben an, welchen Anteil die wichtigsten Aufwendungen an der Gesamtleistung (Umsatzerlöse, Bestandsveränderungen und aktivierte Eigenleistungen) haben.[5] Häufig werden folgende Werte errechnet:

$$\text{Materialintensität} = \frac{\text{Materialaufwand}}{\text{Gesamtleistung}}$$

$$\text{Personalintensität} = \frac{\text{Personalaufwand}}{\text{Gesamtleistung}}$$

$$\text{Abschreibungsintensität} = \frac{\text{Abschreibungen des Geschäftsjahres auf Sachanlagen}}{\text{Gesamtleistung}}$$

Die Abschreibungsintensität wird häufig auch als Kapitalintensität bezeichnet.

$$\text{Verwaltungsintensität} = \frac{\text{allgemeine Verwaltungskosten}}{\text{Gesamtleistung}}$$

$$\text{Intensität der sonst. betriebl. Aufwendungen} = \frac{\text{sonst. betriebl. Aufwendungen}}{\text{Gesamtleistung}}$$

Diese Werte eignen sich sehr gut für einen Branchenvergleich. Es bietet sich jedoch an, die einzelnen Kennziffern im Zusammenhang zu sehen. So beeinflussen sich unter Umständen Personalintensität und Abschreibungsintensität: Unterbliebene Rationalisierungsinvestitionen können eine erhöhte Personalintensität zur Folge haben. Zu beachten ist auch, dass bei Leasing die Abschreibungsintensität vermindert ist.

Einfluss der Bilanzpolitik

Die Intensität der sonstigen betrieblichen Aufwendungen darf bei der Analyse nicht vernachlässigt werden, da diese Position ein Sammelposten ist, auf den eine Vielzahl von Aufwendungen entfallen. Es kann auch aus bilanzpolitischen Gründen zur Verschiebung von Aufwendungen, beispielsweise von Personalkosten zu sonstigen betrieblichen Aufwendungen, kommen.

5 Es ist auch möglich, die einzelnen Intensitäten ins Verhältnis zum Gesamtaufwand zu setzen.

AUFGABE

Beurteilen Sie, ob folgende Aussagen zutreffen:

a) Wenn die Einkaufspreise steigen, die Verkaufspreise aber nicht angehoben werden können, steigt die Materialintensität.

b) Die Kennzahl Personalintensität ist bei Dienstleistungsunternehmen meist größer als bei Fertigungsbetrieben.

c) Durch Outsourcing steigt die Personalintensität.

LÖSUNG

a) Richtig

b) Richtig

c) Falsch. Outsourcing führt zu einer Abnahme der Kennzahl Personalintensität.

2.3.4 Produktivität

Tz. 94

Output vs. Input

Die Produktivität ist der Gradmesser für die Effizienz des Produktionsprozesses dargestellt als Verhältnis zwischen dem mengenmäßigen Ausstoß und dem hierfür erforderlichen Einsatz von Produktionsmitteln, also das Verhältnis von Output zu Input. Der Output wird als Stromgröße (zeitraumbezogene Größe) dargestellt. Beim Input kann es sich sowohl um eine Stromgröße (z. B. Arbeitsstunden) als auch um eine Bestandsgröße (z. B. Anzahl der Mitarbeiter) handeln. Im Regelfall werden folgende Formen der Produktivität unterschieden:

$$\text{Arbeitsproduktivität} = \frac{\text{Produktionsmenge}}{\text{Arbeitsstunden}}$$

$$\text{Maschinenproduktivität} = \frac{\text{Produktionsmenge}}{\text{Maschinenstunden}}$$

$$\text{Materialproduktivität} = \frac{\text{Produktionsmenge}}{\text{Materialeinsatz}}$$

Gesamtproduktivität

Darüber hinaus wird häufig die Gesamtproduktivität, meist nur als Produktivität bezeichnet, dargestellt:

$$\text{Produktivität} = \frac{\text{Gesamtleistung}}{\text{durchschnittliche Belegschaftsstärke}}$$

Wirtschaftlichkeit

Neben der Produktivität wird häufig auch die Wirtschaftlichkeit betrachtet:

$$\text{Wirtschaftlichkeit} = \frac{\text{Produktionsmenge} \times \text{Verkaufspreis}}{\text{Inputmenge} \times \text{Einkaufspreis}}$$

BEISPIEL

Ein Schmied benötigt für die Herstellung von zehn Hufeisen vier Kilo Stahl. Ein Kilo Stahl kostet 1 €. Der Verkaufspreis für ein Hufeisen beträgt 5 €.

AUFGABE

a) Berechnen Sie die Produktivität und die Wirtschaftlichkeit für die Herstellung der Hufeisen.

b) Welche Auswirkung hat eine Produktivitätssteigerung von 20 % bei gleich bleibendem Stahlverbrauch?

LÖSUNG

a)

$$\text{Materialproduktivität} = \frac{\text{Produktionsmenge}}{\text{Materialeinsatz}} = \frac{\text{10 Hufeisen}}{\text{4 kg Stahl}} = \text{2,5 Hufeisen/kg Stahl}$$

$$\text{Wirtschaftlichkeit} = \frac{\text{Produktionsmenge} \times \text{VKP}}{\text{Inputmenge} \times \text{EKP}} = \frac{10 \times 5\,€}{4 \times 1\,€} = \frac{50\,€}{4\,€} = \text{12,50 (€ für 1 € Stahl)}$$

b)

Neue Produktivität: 2,5 × 1,2 = 3 (Hufeisen pro kg Stahl)

→ 4 kg Stahl × 3 = 12 (Hufeisen)

Durch die Produktivitätssteigerung können bei konstantem Stahlverbrauch zwölf anstatt bisher zehn Hufeisen hergestellt werden (Kontrollrechnung: 10 × 1,2 = 12).

2.3.5 Rentabilität

Tz. 95

Rentabilität

Unter Rentabilität versteht man grundsätzlich eine Beziehungszahl, bei der ein Ergebnis (z. B. Jahresüberschuss[6]) ins Verhältnis zu einer dieses Ergebnis bestimmenden Einflussgröße (z. B. Eigenkapital) gesetzt wird. Durch diese Definition wird deutlich, dass bei der Rentabilitätsbetrachtung nur Wertgrößen betrachtet werden, während die Produktivität nur Mengengrößen berücksichtigt.

Die Rentabilitätsbetrachtung ist für die Messung der Ertragskraft eines Unternehmens von entscheidender Bedeutung. Hierbei können das gesamte Unternehmen, Abteilungen oder auch Produktbereiche betrachtet werden. Die Analyse kann sowohl innerbetrieblich als auch zwischenbetrieblich durchgeführt werden.

2.3.5.1 Eigenkapitalrentabilität

Tz. 96

Eigenkapitalrentabilität

$$\text{Eigenkapitalrentabilität} = \frac{\text{Jahresergebnis}}{\text{Eigenkapital}}$$

Bei der Ermittlung der Eigenkapitalrentabilität wird das Jahresergebnis, also der Jahresüberschuss bzw. der Jahresfehlbetrag ins Verhältnis zum Eigenkapital[7] gesetzt. Es wird somit die Verzinsung des von den Anteilseignern investierten Kapitals dargestellt. Die Maximierung der Eigenkapitalrentabilität ist folglich das vordergründige Ziel jedes Investors.

Risikoprämie

Liegt die Eigenkapitalrentabilität unterhalb der Kapitalmarktrendite, wird ein potenzieller Investor wohl eine andere Anlageform bevorzugen. Insbesondere deshalb, da er aufgrund des bestehenden Unternehmerrisikos einen Zuschlag in Form einer Risikoprämie erwartet.

6 Vor allem in Prüfungsaufgaben wird häufig das Jahresergebnis zzgl. des Ertragssteueraufwands berücksichtigt.

7 Insbesondere wenn das Eigenkapital starken Veränderungen unterliegt, ist nicht der Stichtagswert, sondern das durchschnittlich eingesetzte Eigenkapital zu berücksichtigen.

BEISPIEL

Die A-AG stellt Handschuhe für Kaufhäuser und den Versandhandel her. In der Bilanz zum 31. 12. 2010 ist das Eigenkapital wie folgt ausgewiesen worden:

Alle Werte in T€	**31. 12. 2010**	**31. 12. 2009**
Gezeichnetes Kapital	12.000	10.000
Kapitalrücklage	4.000	2.000
Gewinnrücklagen	500	300
Bilanzgewinn (2010)	500	0
Jahresfehlbetrag (2009)	0	- 200
Summe Eigenkapital	**17.000**	**12.100**

Die Erhöhung für 2010 beim gezeichneten Kapital und der Kapitalrücklage basiert auf Einzahlungen der Aktionäre.

AUFGABE

Ermitteln Sie die Eigenkapitalrentabilität des Jahres 2010 und beurteilen Sie das Ergebnis. Die branchenübliche Risikoprämie beträgt 4 %.

LÖSUNG

Ermittlung des Jahresüberschusses 2010 (alle Werte in T€):

Eigenkapital 31. 12. 2010	17.000
- Eigenkapital 31. 12. 2009	12.100
	4.900
- Kapitalerhöhung	4.000
Jahresüberschuss	900

$$\text{EK-Rentabilität} = \frac{\text{Jahresüberschuss}}{\text{durchschnittl. EK}} = \frac{900}{(17.000 + 12.100) : 2} = \frac{900}{14.550} = 6{,}19\,\%$$

Das investierte Eigenkapital sollte sich mindestens so verzinsen wie eine langfristige Anlage auf dem Kapitalmarkt. Darüber hinaus sollte die Eigenkapitalrentabilität eine Risikoprämie enthalten, da das Eigenkapital als Haftungskapital einer besonderen Verlustgefahr unterliegt. Die Eigenkapitalrentabilität von 6,19 % erfüllt diese Anforderungen wohl nicht, da der langfristige Kapitalmarktzins über 2,19 % liegen dürfte.

2.3.5.2 Gesamtkapitalrentabilität

Tz. 97

Gesamtkapitalrentabilität

Den Vorteilen der Eigenkapitalfinanzierung, der Unabhängigkeit von Kreditgebern und die Flexibilität bei der Ausschüttungsgestaltung, stehen auch Nachteile gegenüber, die dazu führen, dass eine Fremdkapitalzuführung bevorzugt wird. Folgende Nachteile der Eigenkapitalfinanzierung sind insbesondere zu nennen:

- Fremdkapital kann, sobald es nicht mehr benötigt wird, oftmals leichter zurückgeführt werden als Eigenkapital.
- Der Vorteil der flexiblen Ausschüttungsgestaltung muss relativiert werden. Die Anteilseigner erwarten in der Regel auch in wirtschaftlich schlechten Zeiten eine Dividende.
- Dividenden an Anteilseigner können im Gegensatz zu Fremdkapitalzinsen steuerlich nicht geltend gemacht werden.

Um die Rentabilität des Unternehmens zuverlässiger einschätzen zu können, wird regelmäßig die Gesamtkapitalrentabilität betrachtet.

$$\text{Gesamtkapitalrentabilität} = \frac{\text{Jahresergebnis + Fremdkapitalzinsen}}{\text{Gesamtkapital}}$$

Durch die Kennziffer wird die Höhe der durchschnittlichen Verzinsung des gesamten im Unternehmen arbeitenden Kapitals angegeben. Die Gesamtkapitalrentabilität sollte über dem Fremdkapitalzins liegen. Die Größe Gesamtkapital im Nenner der Formel ist mit der Bilanzsumme der Strukturbilanz identisch. Auch wird zumindest bei größeren Schwankungen auf einen Durchschnittswert zurückgegriffen.

2.3.5.3 Leverage-Effekt

Tz. 98

Leverage-Effekt

Gelingt es dem Unternehmer, Fremdkapital zu günstigeren Konditionen aufzunehmen, als er selbst an Rendite erzielt, spricht man vom Leverage-Effekt bzw. Hebeleffekt, da durch den Einsatz des zusätzlichen Fremdkapitals mehr Eigenkapital frei wird, das für weitere Investitionen zur Verfügung steht. Hierdurch wird die Eigenkapitalrentabilität gesteigert.

Leverage-Risk

Der Leverage-Effekt funktioniert nur, wenn die Gesamtkapitalrentabilität und der Fremdkapitalzins konstant sind. Verschlechtert sich die Gesamtkapitalrentabilität oder erhöht sich der Fremdkapitalzins, steigt das Investitionsrisiko bei einem größeren Fremdkapitalanteil überproportional an. Man spricht hier vom sog. Leverage-Risk. Ein weiterer Nachteil eines wachsenden Verschuldungsgrades ist, dass der Einfluss der Kreditgeber zunimmt. Darüber hinaus verschlechtert sich auch die Bonität des Unternehmens.

BEISPIEL

Ihnen liegen folgende Daten eines Unternehmens vor:

► durchschnittliches Gesamtkapital	10.000.000 €
► durchschnittliches Eigenkapital	3.000.000 €
► Zinsaufwendungen pro Jahr	300.000 €
► sonstige Aufwendungen pro Jahr	6.000.000 €
► Umsatzerlöse pro Jahr	6.800.000 €

AUFGABE

a) Ermitteln Sie die Eigenkapital- und die Gesamtkapitalrentabilität sowie den durchschnittlichen Zinssatz für das Fremdkapital.

b) Das Unternehmen plant die Ausweitung der Produktion, die den Jahresüberschuss (nach Fremdkapitalzinsen) um 40.000 € steigern soll. Die hierfür erforderlichen Investitionen in Höhe von 3.000.000 € sollen vollständig mit Fremdkapital finanziert werden. Die Fremdkapitalzinsen belaufen sich auf 8 % pro Jahr. Die Umsatzerlöse werden voraussichtlich um 350.000 € steigen.
Wie verändern sich die Eigenkapital- und die Gesamtkapitalrentabilität sowie der durchschnittliche Zinssatz für das Fremdkapital?

LÖSUNG

a)

$$\text{Eigenkapitalrentabilität} = \frac{\text{Jahresüberschuss}}{\text{Eigenkapital}} \times 100 = \frac{6.800.000 - 6.300.000}{3.000.000} \times 100 = 16{,}67\,\%$$

$$\text{Gesamtkapitalrentabilität} = \frac{\text{Jahresüberschuss + Fremdkapitalzinsen}}{\text{Gesamtkapital}} \times 100$$

$$= \frac{500.000 + 300.000}{10.000.000} \times 100 = 8\,\%$$

$$\text{durchschnittl. Fremdkapitalzinssatz} = \frac{300.000}{10.000.000 - 3.000.000} \times 100 = 4{,}29\,\%$$

Der durchschnittliche Zinssatz für das Fremdkapital ist relativ niedrig. Das kann an einer hohen Rückstellungsquote liegen.

b)

$$\text{Eigenkapitalrentabilität} = \frac{\text{Jahresüberschuss}}{\text{Eigenkapital}} \times 100 = \frac{500.000 + 40.000}{3.000.000} \times 100 = 18\,\%$$

$$\text{Gesamtkapitalrentabilität} = \frac{\text{Jahresüberschuss + Fremdkapitalzinsen}}{\text{Gesamtkapital}} \times 100$$

$$= \frac{540.000 + 300.000 + 8\,\%\text{ von }3.000.000}{10.000.000 + 3.000.000} \times 100 = 8{,}31\,\%$$

$$\text{durchschnittl. Fremdkapitalzinssatz} = \frac{300.000 + 240.000}{7.000.000 + 3.000.000} \times 100 = 5{,}4\,\%$$

Durch die zusätzliche Aufnahme des Fremdkapitals kann die Eigenkapitalrentabilität gesteigert werden. Dieser Effekt wirkt solange die Gesamtkapitalrentabilität höher ist als der Fremdkapitalzinssatz.

2.3.5.4 Umsatzrentabilität

Tz. 99

Zur Errechnung der Umsatzrentabilität wird der Gewinn ins Verhältnis zu den Umsatzerlösen gesetzt: Umsatzrentabilität

$$\text{Umsatzrentabilität} = \frac{\text{Jahresergebnis}}{\text{Umsatzerlöse}}$$

Berechnen Sie im Ausgangsfall und in der Variante des obigen Beispiels (Tz. 98) die Umsatzrentabilität.

AUFGABE

LÖSUNG

(Ausgangsfall)

$$\text{Umsatzrentabilität} = \frac{\text{Jahresüberschuss}}{\text{Umsatzerlöse}} \times 100 = \frac{500.000}{6.800.000} \times 100 = 7{,}35\,\%$$

(Variante)

$$\text{Umsatzrentabilität} = \frac{\text{Jahresüberschuss}}{\text{Umsatzerlöse}} \times 100 = \frac{540.000}{6.800.000 + 350.000} \times 100 = 7{,}55\,\%$$

Durch die Erweiterungsinvestition wird die Umsatzrentabilität voraussichtlich von 7,35 % auf 7,55 % steigen.

2.3.5.5 EBIT-Rentabilität

Tz. 100

Der EBIT ist wortwörtlich übersetzt der Gewinn vor Zinsen und Steuern[8]. Diese Größe ist grundsätzlich aussagekräftiger als der Jahresüberschuss, da nur der Gewinn aus der betrieblichen Tätigkeit betrachtet wird. Aus diesem Grund werden bei der Berechnung des EBIT oftmals auch außerordentliche Aufwendungen und Erträge eliminiert. Je nach Definition errechnet sich der EBIT somit wie folgt: EBIT-Rentabilität

	Jahresüberschuss
+	Ertragsteuern
+	Fremdkapitalzinsen
(-	außerordentliche Erträge)
(+	außerordentliche Aufwendungen)
=	EBIT

8 EBIT = Earnings before Interest and Taxes

Die EBIT-Rentabilität lässt sich mittels folgender Formel ermitteln:

$$\text{EBIT-Rentabilität} = \frac{\text{EBIT}}{\text{Umsatzerlöse}}$$

2.3.6 Return on Investment (ROI)

Tz. 101

ROI

Bei den bisher vorgestellten Kennzahlen wurde jeweils nur ein Teilbereich des Unternehmens untersucht. Als ideal wird daher eine Kennzahl angesehen, mit der es möglich ist, das komplexe Gebilde, das ein Unternehmen darstellt, in einem Wert widerzuspiegeln. Diesem Ziel kommt die Kennzahl des Return on Investment, die 1919 von dem amerikanischen Chemie-Unternehmen Du Pont de Nemours and Co. eingeführt wurde, am nächsten.

$$\text{ROI} = \frac{\text{EBIT}}{\text{Umsatzerlöse}} \times \frac{\text{Umsatzerlöse}}{\text{Gesamtkapital}} = \frac{\text{EBIT}}{\text{Gesamtkapital}}$$

betriebsnotwendiges Kapital

Aus der Formel ist ersichtlich, dass sich der ROI aus der Umsatzrentabilität und der Umschlagshäufigkeit des betriebsnotwendigen Kapitals zusammensetzt. Da die Unterscheidung in betriebsnotwendiges und nicht betriebsnotwendiges Kapital für einen externen Analysten kaum möglich ist, wird aus Vereinfachungsgründen meist auf das Gesamtkapital zurückgegriffen. Soll das betriebsnotwendige Kapital ermittelt werden, wird das Gesamtkapital um Finanzanlagen, Wertpapiere des Umlaufvermögens und sonstige Vermögensgegenstände gekürzt.

Bei der Berechnung des ROI wird regelmäßig das durchschnittliche Gesamtkapital einbezogen. Kann das betriebsnotwendige durchschnittliche Kapital ermittelt werden, wird dieses verwendet.

Der ROI wird häufig auch als Betriebsrentabilität bezeichnet.

BEISPIEL

Ihnen liegen folgende Daten vor:

► Bilanzsumme	3.000.000 €
► Umsatzerlöse	5.000.000 €
► Aufwand (Umsatzerlösen direkt zuordenbar)	3.500.000 €
► übriger Aufwand	1.200.000 €
► Jahresüberschuss	300.000 €

AUFGABE

a) Errechnen Sie den ROI der Ausgangssituation.

b) Wie verändert sich der ROI, wenn die Umsatzerlöse aufgrund einer Anhebung der Verkaufspreise um 5 % gesteigert werden können? Der Aufwand verändert sich nicht.

c) Wie verändert sich der ROI, wenn die Umsatzmenge um 10 % gesteigert werden kann?

d) Wie verändert sich der ROI, wenn aus Bankbeständen Schulden in Höhe von 500.000 € getilgt werden?

Die Varianten (b) bis (d) beziehen sich jeweils auf den Ausgangsfall.

LÖSUNG

Da aus den vorhandenen Daten der EBIT nicht abgeleitet werden kann, wird der Jahresüberschuss zur Ermittlung des ROI herangezogen.

a)

$$\text{ROI} = \frac{\text{Jahresüberschuss}}{\text{Gesamtkapital}} = \frac{300.000}{3.000.000} \times 100 = 10\,\%$$

b)

$$\text{ROI} = \frac{\text{Jahresüberschuss} + 5\,\%\text{ von } 5.000.000}{\text{Gesamtkapital}} = \frac{550.000}{3.000.000} \times 100 = 18{,}33\,\%$$

c)

$$\text{ROI} = \frac{\text{Jahresüberschuss} + 10\,\%\text{ von } 5.000.000 - 10\,\%\text{ von } 3.500.000}{\text{Gesamtkapital}} = \frac{450.000}{3.000.000} \times 100 = 15\,\%$$

d)

$$\text{ROI} = \frac{\text{Jahresüberschuss}}{\text{Gesamtkapital}} = \frac{300.000}{2.500.000} \times 100 = 12\,\%$$

2.3.7 Return on Capital Employed (ROCE)

Tz. 102

ROCE

$$\text{ROCE} = \frac{\text{NOPAT}}{\text{Gesamtkapital - kurzfristiges Fremdkapital - liquide Mittel}}$$

Der ROCE wird aus dem Net Operating Profit After Taxes (NOPAT) und dem Gesamtkapital berechnet. Der NOPAT ist das Geschäftsergebnis nach Steuern, also der operative Gewinn nach Steuern. Zur Berechnung des NOPAT wird der EBIT um den (fiktiven) Steueraufwand (auf den EBIT) gekürzt.

Der Unterschied des ROCE zum ROI ist, dass sich ersterer nur auf das eingesetzte gebundene Kapital beschränkt. Dies erfordert, dass das Gesamtkapital um das kurzfristige Fremdkapital und die liquiden Mittel gekürzt wird.

2.3.8 Economic Value Added® (EVA®)

Tz. 103

EVA®

Der EVA® ist eine Messgröße zur Berechnung der Vorteilhaftigkeit einer Investition. Durch diese wird der Mehrwert ausgedrückt, den ein Unternehmen in einer Periode erwirtschaftet. Ist der EVA® positiv, war das betriebliche Ergebnis größer als die Kapitalkosten. Bei umgekehrter Konstellation ergibt sich ein negativer EVA®.

$$\text{EVA} = (\text{ROCE} - \text{WACC}) \times \text{NOA}$$

Der ROCE ist aus Tz. 102 bekannt, bei dem WACC (Weighted Average Cost of Capital) handelt es sich um den gewichteten Mittelwert von Fremd- und Eigenkapital und beim NOA (Net Operating Assets) um die betriebsnotwendigen Vermögensgegenstände.

2.4 Wertschöpfungsrechnung

Tz. 104

Wertschöpfung

Bei einem produzierenden Unternehmen versteht man unter Wertschöpfung den Beitrag zum Sozialprodukt eines Landes. Vereinfacht ausgedrückt handelt es sich um den Wert, um den der Output den Input übersteigt. Wertschöpfungsrechnungen werden oftmals im Rahmen von Unternehmensberichterstattungen als Herkunftsrechnung und als Teilbereich der volkswirtschaftlichen Gesamtrechnung als Verwendungsrechnung aufgestellt.

2.4.1 Herkunftsrechnung

Tz. 105

Herkunftsrechnung

Ausgangsgröße für die Ermittlung der Wertschöpfung bei der Herkunftsrechnung[9] ist der Produktionswert, der sich aus den Umsatzerlösen, den Bestandsveränderungen und den aktivierten Eigenleistungen ergibt. Hiervon werden die Vorleistungen abgezogen. Vorleistungen sind der Wert der Waren und Dienstleistungen, die von anderen in- und ausländischen Wirtschaftseinheiten bezogen und verbraucht wurden. Darüber hinaus sind die Abschreibungen und indirekte Steuern mindernd und staatliche Subventionen erhöhend zu berücksichtigen. Es ergibt sich folgende Formel:

Wertschöpfung ► Formel

	Produktionswert
-	Vorleistungen
-	Abschreibungen
-	indirekte Steuern
+	Subventionen
=	Wertschöpfung

Es muss jedoch einschränkend festgehalten werden, dass sich aus der handelsrechtlichen GuV nur näherungsweise eine Wertschöpfungsrechnung erstellen lässt, da einige Positionen wertschöpfungsrelevante und -irrelevante Bestandteile haben. Wenn die GuV nach dem Umsatzkostenverfahren erstellt wurde, ist ein externes Erstellen einer Wertschöpfungsrechnung kaum möglich.

2.4.2 Verwendungsrechnung

Tz. 106

Verwendungsrechnung

Die Wertschöpfung lässt sich auch als Verwendungsrechnung bzw. Verteilungsrechnung darstellen. Im Rahmen dieser wird, vereinfacht ausgedrückt, das Arbeitseinkommen um das Kapitaleinkommen und das Gemeineinkommen erhöht. Es ergibt sich folgende Berechnung:

Wertschöpfung ► Formel

	Personalaufwand
+	Aufsichtsratsvergütungen
=	Mitarbeiter
	Ertragsteuern
+	sonstige Steuern
-	Subventionen
=	öffentliche Hand
	Zinsen u. ähnl. Aufwendungen
=	Darlehensgeber
	Gewinnausschüttungen
=	Gesellschafter
	Gewinnthesaurierung
+	Rücklagenzuführungen
+/-	sonstige GuV-Positionen
=	Unternehmen

9 Die Herkunftsrechnung wird oftmals auch als Entstehungsrechnung bezeichnet.

Die Summe aus allen Teilbereichen ergibt die Wertschöpfung.

BEISPIEL

Ihnen sind folgende GuV-Positionen (Werte in T€) eines Unternehmens bekannt:

- Produktionswert 5.000
- Jahresüberschuss 700
- Materialaufwand 900
- Personalaufwand 1.500
- Abschreibungen 300
- Zinsaufwand 100
- Ertragsteuern 200
- Sonstige Aufwendungen 1.300

AUFGABE

Ermitteln Sie die Wertschöpfung mittels einer Entstehungs- und einer Verteilungsrechnung.

LÖSUNG

Entstehungsrechnung	**in T€**
Produktionswert	5.000
Materialaufwand	- 900
Sonstige Aufwendungen	- 1.300
Abschreibungen	- 300
Wertschöpfung	**2.500**

Verteilungsrechnung	**in T€**
Personalaufwand	1.500
Ertragsteuern	+ 200
Zinsaufwand	+ 100
Jahresüberschuss	+ 700
Wertschöpfung	**2.500**

2.5 Kennzahlen im volkswirtschaftlichen Bezug

Tz. 107

Faktorkosten

In der volkswirtschaftlichen Gesamtrechnung ist die Wertschöpfung eines Unternehmens als dessen Beitrag zum Nettoinlandsprodukt zu Faktorkosten definiert. Unter Faktorkosten versteht man die Nettowertschöpfung zuzüglich etwaiger staatlicher Subventionen und abzüglich indirekter Steuern. Somit ist die Nettowertschöpfung mit dem realen Güterzuwachs gleich zu setzen, der durch den jeweiligen Unternehmensprozess geschaffen wurde.

2.6 Verdichtung von Kennzahlen

Tz. 108

Verdichtung

Im Rahmen der Jahresabschlussanalyse wird regelmäßig eine Vielzahl von Kennzahlen parallel errechnet. Um eine zutreffende Einschätzung der Vermögens-, Finanz- und Ertragslage eines Unternehmens abgeben zu können, müssen die errechneten Kennzahlen interpretiert und zu einer Gesamtaussage verdichtet werden. Dieses Ziel wird in der Praxis dadurch eingeschränkt, dass meist nur Zahlenmaterial aus der Vergangenheit zur Verfügung steht. Insbesondere für die stichtagsbezogenen Kennzahlen zur Vermögens- und Liquiditätslage ist dies nachteilig.

In diesem Zusammenhang sei nochmals auf die großen Probleme durch die Umstellung auf das BilMoG hingewiesen. Durch die zahlreichen Änderungen ist ein Vergleich von zwei aufeinander folgenden Jahresabschlüssen (HGB alt – BilMoG) nur sehr eingeschränkt möglich.

FRAGE

1.) Was unterscheidet die statische von der dynamischen Analyse?

Die statische Analyse bezieht sich nur auf einen einheitlichen Zeitpunkt oder Zeitraum (Tz. 58).

2.) Nennen Sie ein Beispiel, in dem eine branchenvergleichende Jahresabschlussanalyse sinnvoll ist.

Diese kann beispielsweise dann sinnvoll sein, wenn die Entwicklung einer bestimmten Region abgebildet werden soll (Tz. 61).

3.) Sind folgende Aussagen richtig oder falsch?

a) Eine hohe Arbeitsintensität ist grundsätzlich vorteilhaft.

b) Eine Aktivierung von Leasinggütern beim Leasinggeber beeinflusst die Anlageintensität des Leasingnehmers.

c) Der eiserne Bestand wird aufgrund seiner langfristigen Bindung dem Anlagevermögen zugerechnet.

d) Je höher die Arbeitsintensität ist, desto schneller können liquide Mittel generiert werden.

a) Richtig.

b) Richtig.

c) Falsch. Trotz der langfristigen Bindung zählt der eiserne Bestand zum Umlaufvermögen.

d) Richtig.

(Tz. 65)

4.) Ermitteln Sie aus den vorliegenden Größen die Arbeitsintensität (Werte in T€):

► Anlagevermögen	30.000
► Umlaufvermögen	10.000
► Eigenkapital	15.000
► Fremdkapital	25.000

$$\text{Arbeitsintensität} = \frac{\text{Umlaufvermögen}}{\text{Gesamtvermögen}} \times 100 = \frac{10.000}{15.000 + 25.000} \times 100 = 25\,\%$$

(Tz. 65)

5.) Nennen Sie drei Einflussfaktoren auf die Größe „Umschlagsdauer des Vorratsvermögens".

- *Angebotsverknappungen an den Beschaffungsmärkten*
- *saisonale Schwankungen des Kerngeschäfts*
- *Abverkäufe wegen Sortimentsumstellung (Auslaufartikel); (Tz. 66).*

6.) Was wird durch die Umschlagshäufigkeit des Vorratsvermögens ausgedrückt?

Diese Kennziffer gibt an, wie oft der Bestand an Vorräten in der jeweiligen Betrachtungsperiode umgeschlagen wurde (Tz. 70).

7.) Ermitteln Sie aus folgenden Werten das Kundenziel für das Jahr 2010 (Werte in T€):

Forderungen 1. 1. 2010:	8.000
Forderungen 31. 12. 2010	12.000
Bilanzsumme 31. 12. 2010	100.000
Umsatzerlöse 2010	120.000
Jahresüberschuss 2010	9.500

$$\text{Kundenziel} = \frac{\text{durchschnittl. Bestand an Forderungen aLL}}{\text{Umsatzerlöse}} \times 365$$

$$= \frac{(8.000 + 12.000) : 2}{120.000} \times 365 = 30{,}4 \text{ Tage}$$

(Tz. 71)

8.) Wie setzt sich die Größe „Wareneingang" im Rahmen der Berechnung des Lieferantenziels zusammen?

Neben dem Materialaufwand beinhaltet diese Größe auch die Aufwendungen für Roh-, Hilfs- und Betriebsstoffe und für bezogene Leistungen sowie die Bestandsveränderungen. Alle Werte müssen netto angegeben werden (Tz. 72).

9.) Ermitteln Sie aus folgenden Werten die Investitionsquote und die Wachstumsquote (Werte in T€):

Nettoinvestitionen in das Anlagevermögen	10.000
Restbuchwerte am Beginn der Periode	40.000
Historische AHK zu Beginn der Periode	90.000
Jahresabschreibungen auf das Sachanlagevermögen	15.000

Erläutern Sie kurz das Ergebnis.

$$\textit{Investitionsquote} = \frac{\textit{Netto-Investitionen i. d. SAV}}{\textit{historische AK/HK d. SAV zum Beginn der Periode}} \times 100$$

$$= \frac{10.000}{90.000} \times 100 = 11{,}11\,\%$$

$$\textit{Wachstumsquote} = \frac{\textit{Netto-Investitionen i. d. SAV}}{\textit{Jahresabschreibungen auf Sachanlagen}} \times 100$$

$$= \frac{10.000}{15.000} \times 100 = 66{,}67\,\%$$

Aus der Investitionsquote kann abgeleitet werden, dass rund 11 % des vorhandenen Sachanlagevermögens in der laufenden Periode reinvestiert wurde. Verhalten sich die Kennziffern konstant, ist das vorhandene Sachanlagevermögen in circa zehn Jahren erneuert.

Die Wachstumsquote von 66,67 % sagt aus, dass in das Unternehmen weniger investiert wurde, als die laufende Wertminderung durch Abschreibungen beträgt.

(Tz. 73)

10.) Beurteilen Sie, ob die folgenden Aussagen richtig oder falsch sind:

a) Aus der Kennziffer Abschreibungsquote kann man Rückschlüsse auf die Altersstruktur des Sachanlagevermögens ziehen.

b) Aus der Kennziffer Anlagenabnutzungsgrad kann man Rückschlüsse auf die Altersstruktur des Sachanlagevermögens ziehen.

c) Ein hoher Anlagenabnutzungsgrad deutet auf die Erforderlichkeit von umfangreichen Ersatzinvestitionen hin.

d) Sinkt die Abschreibungsquote im Mehrjahresvergleich, kann dies bedeuten, dass das Sachanlagevermögen überaltert ist.

a) Falsch, da die Abschreibungsquote nur die Jahresabschreibung und nicht den kumulierten Wert einbezieht.

b) Richtig.

c) Richtig.

d) Richtig.

(Tz. 74 und 75)

11.) Wie hoch sollte die Eigenkapitalquote mindestens sein?

Eine pauschale Antwort lässt sich hier nicht geben. Theoretisch sollte das Eigenkapital jedoch mindestens 30 % des Gesamtkapitals betragen. In der Praxis sind auch bei „gesunden" Unternehmen oftmals niedrigere Werte anzutreffen (Tz. 79).

12.) Wie errechnet sich der Anspannungskoeffizient?

Der Anspannungskoeffizient entspricht der Fremdkapitalquote:

$$\text{Fremdkapitalquote} = \frac{\text{Fremdkapital}}{\text{Gesamtkapital}} \times 100$$

(Tz. 80)

13.) Was unterscheidet den Bilanz- vom Börsenkurs?

Der Bilanzkurs ist meist niedriger als der Börsenkurs. Dies liegt vor allem daran, dass im Börsenkurs stille Reserven „eingepreist" sind, während der Bilanzkurs auf den Buchwerten basiert (Tz. 82).

14.) Ihnen sind folgende Werte bekannt (Werte in T€):

► Eigenkapital	100
► Fremdkapital (kurzfristig)	50
► Fremdkapital (langfristig)	80
► Liquide Mittel	20
► Kurzfristige Forderungen	10
► Umlaufvermögen	80
► Anlagevermögen	150

Errechnen Sie den Anlagendeckungsgrad I, die Liquidität 2. Grades und das Net Working Capital.

$$\text{Anlagendeckungsgrad I} = \frac{\text{Eigenkapital}}{\text{Anlagevermögen}} = \frac{100}{150} = 0{,}67$$

(Tz. 83)

$$\text{Liquidität 2. Grades} = \frac{\text{Finanzumlaufvermögen}}{\text{kurzfristiges Fremdkapital}} = \frac{20 + 10}{50} = 0{,}6$$

(Tz. 84)

Net Working Capital = Umlaufvermögen - kurzfristiges Fremdkapital = 80 T€ - 50 T€ = 30 T€

(Tz. 85)

15.) Was bedeutet ein negativer Wert bei der Errechnung des Net Working Capitals?

Ist das Net Working Capital negativ, bedeutet dies, dass Anlagevermögen durch kurzfristiges Fremdkapital finanziert wurde. Das Unternehmen ist in seiner Liquidität gefährdet (Tz. 85).

16.) Geben Sie mittels folgender Begriffe die Formeln für den Cashflow nach der direkten und der indirekten Methode an:

- Jahreserfolg
- einzahlungswirksamer Ertrag
- einzahlungsloser Ertrag
- einzahlungswirksamer Aufwand
- einzahlungsloser Aufwand

Direkte Methode (Tz. 88):

Cashflow = einzahlungswirksamer Ertrag - einzahlungswirksamer Aufwand

Indirekte Methode (Tz. 88):

Cashflow = Jahreserfolg - einzahlungsloser Ertrag + einzahlungsloser Aufwand

17.) Was drückt die Cashburn-Rate aus?

Die Cashburn-Rate gibt an, wann bei einem Unternehmen mit dem Verbrauch der vorhandenen liquiden Mittel zu rechnen ist (Tz. 90).

18.) Bei der Ermittlung des Entschuldungsgrades wird die Effektivverschuldung einbezogen. Wie errechnet sich diese?

Die Effektivverschuldung ist das Fremdkapital abzüglich der Pensionsrückstellungen und der liquiden Mittel (Tz. 91).

19.) Wie errechnet sich der Innenfinanzierungsgrad der Investitionen?

$$\text{Innenfinanzierungsgrad der Investitionen} = \frac{\text{Cashflow}}{\text{Zugänge des Anlagevermögens}}$$

(Tz. 92)

20.) Berechnen Sie anhand folgender (verkürzter) GuV die Material- und die Personalintensität:

	Werte in T€
Umsatzerlöse	18.000
Bestandserhöhungen	1.000
Andere aktivierte Eigenleistungen	500
Sonstige betriebliche Erträge	1.500
Materialaufwand	6.000
Personalaufwand	7.000
Abschreibungen auf Sachanlagen	800
Sonstige betriebliche Aufwendungen	3.500
Jahresüberschuss	700

$$\text{Materialintensität} = \frac{\text{Materialaufwand}}{\text{Gesamtleistung}} = \frac{6.000}{18.000 + 1.000 + 500} = 0{,}31$$

(Tz. 93)

$$\text{Personalintensität} = \frac{\text{Personalaufwand}}{\text{Gesamtleistung}} = \frac{7.000}{18.000 + 1.000 + 500} = 0{,}36$$

(Tz. 93)

21.) Welche Größen werden bei der Ermittlung der Produktivität gegenübergestellt?

Bei der Ermittlung der Produktivität wird der Output (mengenmäßiger Ausstoß) dem Input (hierfür erforderlicher Einsatz) gegenübergestellt (Tz. 94).

22.) Ordnen Sie die folgenden Größen dem Input bzw. dem Output zu (Tz. 94):

Größe	**Input**	**Output**
Produktionsmenge		
Arbeitsstunden		
Maschinenstunden		
Materialeinsatz		
Umsatzerlöse		
Anzahl der Mitarbeiter		

Größe	***Input***	***Output***
Produktionsmenge		X
Arbeitsstunden	X	
Maschinenstunden	X	
Materialeinsatz	X	
Umsatzerlöse		X
Anzahl der Mitarbeiter	X	

23.) Geben Sie zwei Nachteile an, die eine ausschließlich auf Eigenkapital beruhende Finanzierung hat?

- Fremdkapital kann leichter zurückgeführt werden als Eigenkapital.
- Dividenden an Anteilseigner können im Gegensatz zu Fremdkapitalzinsen steuerlich nicht geltend gemacht werden (Tz. 97).

24.) Was besagt der Leverage-Effekt?

Durch die zusätzliche Aufnahme des Fremdkapitals kann die Eigenkapitalrentabilität gesteigert werden. Dieser Effekt wirkt solange die Gesamtkapitalrentabilität höher ist als der Fremdkapitalzinssatz (Tz. 98).

25.) Wie ermittelt sich der EBIT?

	Jahresüberschuss
+	*Ertragsteuern*
+	*Fremdkapitalzinsen*
(-	*außerordentliche Erträge)*
(+	*außerordentliche Aufwendungen)*
=	*EBIT (Tz. 100)*

26.) Welche Auswirkung hat ein Ansteigen der Umsatzerlöse auf den ROI?

Die Umsatzerlöse werden zwar bei der Ermittlung des ROI formelmäßig gekürzt. Da aber ein Ansteigen der Umsatzerlöse den EBIT erhöht, steigt auch der ROI (Tz. 101).

27.) Was ist der NOPAT?

Der NOPAT ist das Geschäftsergebnis nach Steuern (Tz. 102).

28.) In welcher Form kann eine Wertschöpfungsrechnung vorgenommen werden?

Eine Wertschöpfungsrechnung kann sowohl als Herkunftsrechnung als auch als Verwendungsrechnung erstellt werden (Tz. 104).

III. Eigenkapitalrichtlinien für Banken und Rating

1. Ziele und Inhalte der Eigenkapitalrichtlinie

1.1 Zielsetzung

Tz. 109

Die Eigenkapitalrichtlinien der Europäischen Kommission zielen darauf ab, die finanzielle Solidität von Banken und Wertpapierfirmen sicherzustellen. Gemeinsam legen die Richtlinien fest, wie viele Eigenmittel Banken und Wertpapierfirmen vorhalten müssen, um ihre Risiken abzudecken und ihre Kunden zu schützen.

1.2 Inhalte

Tz. 110

wirtschaftliche Kreditwürdigkeit

Neben der sachlichen Kreditfähig- und -würdigkeit wird bei der Vergabe von Krediten die wirtschaftliche Kreditwürdigkeit des Unternehmens ermittelt. Hierzu werden anhand der Jahresabschlüsse die finanziellen Verhältnisse und die Vermögensverhältnisse sowie die Unternehmensorganisation und der Geschäftsplan näher betrachtet. Oftmals wird auch eine Betriebsbesichtigung durch den Kreditgeber durchgeführt, um sich so einen persönlichen Eindruck über den Antragsteller zu verschaffen.

Tz. 111

Baseler Ausschuss

Kreditinstitute greifen bei der Kreditvergabe in der Regel auf die Empfehlungen des sog. Baseler Ausschusses zurück. Dieser wurde 1974 von den Zentralbanken und den Bankaufsichtsbehörden der G10-Staaten[10] gegründet und tritt im Dreimonatsrhythmus bei der Bank für internationalen Zahlungsausgleich in Basel zusammen. Der Baseler Ausschuss definiert einheitliche und relativ hohe Standards zur Bankenaufsicht, die als Akkord bezeichnet werden. Die ausgearbeiteten Richtlinien und Empfehlungen sind für die einzelnen Mitgliedstaaten rechtlich nicht bindend.

Basel I

Bisher erfolgte jedoch stets eine Umsetzung in nationales Recht. So wurde der 1988 vorgelegte Baseler Akkord I, meist Basel I genannt, in das KWG eingearbeitet. Anlass fur Basel I war, dass das Eigenkapital zahlreicher Banken auf ein relativ niedriges Niveau gefallen war, da die Banken ihre Geschäfte zunehmend ohne eine angemessene Eigenkapitalunterlegung ausbauten. Durch eine Häufung von Insolvenzen von Kreditnehmern sank das Eigenkapital weiter ab. Basel I gibt vor, dass Banken Risikoaktiva grundsätzlich mit mindestens 8 % Eigenkapital unterlegen müssen. Hierdurch wird die Kreditvergabemöglichkeit eines Kreditinstitutes auf das 12,5-fache des haftenden Eigenkapitals begrenzt. Zur Risikoaktiva zählen Kredite an Unternehmen und Privatkunden. Hypotheken werden zu 50 % und Kredite an andere Banken zu 20 % berücksichtigt. Kredite an Staaten werden überhaupt nicht zur Risikoaktiva gezählt.

Tz. 112

Basel II

Da die Regelungen einigen Mitgliedstaaten zu undifferenziert waren, wurde im Baseler Ausschuss bereits ab 1999 an einer Neufassung des Baseler Akkords I gearbeitet. Ergebnis dieser Arbeiten ist der Baseler Akkord II (Basel II), der zum 1. 1. 2007 in den Mitgliedstaaten der Europäischen Union für alle Kreditinstitute verpflichtend eingeführt wurde. In Deutschland geschah dies wiederum durch eine Anpassung des KWG. Die USA haben die Regelungen bisher nicht umgesetzt, was die Finanzmarktkrise in 2008 enorm verstärkt hat.

10 Die G10 ist eine Gruppe der ursprünglich zehn bzw. mittlerweile elf führenden Industrienationen. Diese sind Belgien, Deutschland, Frankreich, Großbritannien, Italien, Japan, Kanada, Niederlande, Schweden, Schweiz und USA.

Tz. 113

Basel III

Am 12. 9. 2010 einigten sich die Präsidenten der Notenbanken und Aufsichtsämter auf strengere Eigenkapitalvorschriften für Kreditinstitute. Am 16. 12. 2010 wurde der ausformulierte Regeltext veröffentlicht. Diese als Basel III bezeichneten Vorschriften treten ab 2013, teilweise erst ab 2019, in Kraft. Die Empfehlungen von Basel III werden spätestens bis zum Jahr 2012 in europäische Richtlinien umgesetzt.

1.2.1 Mindestkapitalanforderungen

Tz. 114

Mindestkapitalanforderungen

Problematisch beim Baseler Akkord I ist, dass risikoarme Anlagepositionen mit ebenso viel Eigenkapital zu unterlegen sind wie risikoreiche Positionen. Diese undifferenzierte Behandlung kann Kreditinstitute dazu verleiten, risikoreiche Anlagen überzugewichten. Der Eigenkapitalbedarf entspricht dem risikoärmerer Anlagen, die Rendite ist jedoch größer. Durch die erste Säule des Baseler Akkords II sollen die Risiken bei der Bemessung des Eigenkapitalbedarfs berücksichtigt werden. Konkret werden hier folgende Risiken einbezogen:

- **Kreditausfallrisiken**
  Das jeweilige Kreditausfallrisiko wird durch ein externes bzw. internes Rating (Firmenkunden) bzw. Scoring (Privatkunden) ermittelt und bei der Kreditvergabe in Form von Risikoprämien berücksichtigt. Dies bedeutet, dass für risikoärmere Anlagen eine geringere Eigenkapitalunterlegung nötig ist und somit auch weniger Rendite erwirtschaftet werden muss, was sich auf das Zinsniveau auswirkt.
- **Marktpreisrisiken**
  Bei der Kreditgewährung sind nach Basel II auch Marktpreisrisiken zu berücksichtigen. Hierzu zählen Wechselkursschwankungen, Zinsänderungen und Veränderungen des allgemeinen Marktumfelds.
- **Operationelle Risiken**
  Darüber hinaus werden operationelle Risiken berücksichtigt. Hierunter versteht man betriebliche Risiken, wie sie Unterschlagungen, Betrug, Raubüberfälle, Transaktionsfehler, Terroranschläge oder Naturkatastrophen darstellen. In der Praxis ist es sehr schwierig, die operationellen Risiken mit vertretbarem Aufwand auch nur annähernd korrekt abzubilden.

Tz. 115

Kernkapitalquote

Bereits Basel II hielt die Banken an, Ausfallrisiken ihrer Engagements mit Eigenkapital abzudecken. Aufgrund der durch die Finanzmarktkrise gewonnenen Erfahrungen sollen die Banken ihr sog. Kernkapital deutlich erhöhen. Die Kernkapitalquote beschreibt das Verhältnis des Eigenkapitals einer Bank zu ihren riskobehafteten Geschäften, also zu den vergebenen Krediten und den getätigten Geldanlagen. Das Kernkapital soll in Finanzkrisen die Verluste abfangen, die es eventuell durch Kreditausfälle und Wertverluste bei Anlagen gibt. Basel III schreibt künftig eine harte Kernkapitalquote von 7 % (hartes Kernkapital der Mindesteigenkapitalanforderungen 4,5 % plus hartes Kernkapital des Kapitalerhaltungspuffers von 2,5 %) vor. Hinzu kommt weiter weiches Kernkapital in Höhe von 1,5 % und Ergänzungskapital in Höhe von 2 %, sodass sich im Ergebnis die Eigenkapitalanforderungen auf 10,5 % addieren.

ABB. 1: Erhöhung des Kernkapitals

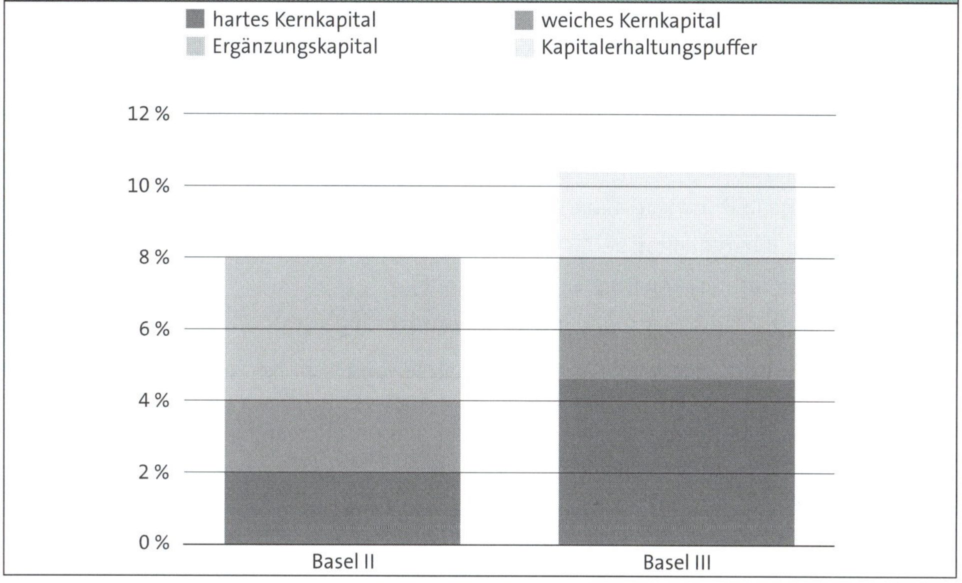

1.2.2 Aufsichtliches Überprüfungsverfahren

Tz. 116

Die zweite Säule des Baseler Akkords deckt sowohl die externe als auch die interne Überwachung des Kreditinstitutes ab. Die externe Bankenaufsicht wird in Deutschland durch die BaFin[11] (unterstützt durch die Deutsche Bundesbank) wahrgenommen.

Bankenaufsicht durch BaFin

Die interne Überwachung wird durch ein bankeigenes Risikomanagementsystem ausgeübt. Dieses soll proportional zu den eingegangenen Risiken der Bank ausgestattet sein. Je größer also das Anlagerisiko ist, desto ausgeprägter muss auch der bankinterne Überwachungsprozess sein.

1.2.3 Marktdisziplin und Offenlegungspflichten

Tz. 117

Außerdem wurden durch Basel II die Offenlegungsanforderungen für Kreditinstitute erhöht. So sind in den §§ 340 bis 341p HGB zahlreiche Sonderregelungen zu Ansatz und Bewertung, aber auch zu Gliederung und Ausführlichkeit des Anhangs zu finden. Durch diese erhöhten Rechnungslegungsvorschriften für Kreditinstitute soll die Transparenz und damit die Aussagekraft des Jahresabschlusses erhöht werden. Hierdurch erhofft sich der Baseler Ausschuss eine Selbstdisziplinierung der Kreditinstitute.

Transparenz

2. Ratingverfahren

Tz. 118

Unter Rating versteht man im Finanzwesen eine Einschätzung der wirtschaftlichen Lage und damit der Bonität eines Schuldners. Im Rahmen des Ratings wird die Zahlungsfähigkeit des Kreditnehmers durch eine Bonitätsklasse ausgedrückt. Dies wird zum Teil durch die Kreditinstitute selbst, zum Teil durch Ratingagenturen[12] durchgeführt. Das Rating der Kreditinstitute und der Ratingagenturen kann durch die Vorlage von Einschätzungen seitens des Kreditnehmers objektiviert bzw. unterstützt werden. Dies ist dadurch möglich, dass nur dem Unternehmen selbst eine ganzheitliche Betrachtung der Betriebsstrukturen möglich ist.

Rating

11 Bundesanstalt für Finanzdienstleistungsaufsicht (Rechts- und Fachaufsicht durch das Bundesministerium der Finanzen).

12 Die bekanntesten Ratingagenturen sind Moody's, Standard & Poor's und Fitch.

2.1 Quantitative Faktoren

Tz. 119

Hard Facts

Quantitative Faktoren (auch als Hard Facts bezeichnet), die in das Rating einfließen, sind die aus der Jahresabschlussanalyse gewonnenen Kennzahlen, insbesondere zu

- Kapitalstruktur (z. B. Verhältnis von Eigen- und Fremdkapital)
- Vermögensstruktur (z. B. Fristenkongruenz)
- Vermögenslage (z. B. Inanspruchnahme von Kreditlinien)
- Ertragslage (z. B. Rentabilitätsbetrachtungen)
- Liquidität (z. B. Cashflow-Analyse, Liquiditätsgrade)
- Produktivität (z. B. Umschlags- und Intensitätsbetrachtungen)

Diese Kennzahlen werden regelmäßig aus der Analyse von bis zu fünf aufeinander folgenden Jahresabschlüssen gewonnen. Darüber hinaus wird auch versucht, aus der mittelfristigen Unternehmensplanung eine Prognose der Liquiditäts- und Cashflowentwicklung zu treffen. Der Planungshorizont beträgt hier regelmäßig drei Jahre.

Oftmals werden zusätzlich die Besicherungsverhältnisse und die privaten Vermögensverhältnisse des Sicherungsnehmers einbezogen.

Tz. 120

Bilanzoptimierung

In der Praxis wird oftmals versucht, durch Bilanzoptimierungsmaßnahmen ein besseres Rating zu erreichen. Dies geschieht beispielsweise durch Leasing. Werden die Wirtschaftsgüter beim Leasinggeber bilanziert, ist dies für den Leasingnehmer bilanzneutral. Hierdurch wird weder der Vermögensgegenstand noch ein etwaiger Fremdkapitalbetrag ausgewiesen und die Bilanzsumme verkürzt. Dies erhöht die Eigenkapitalquote und verringert den Verschuldungsgrad.

Ein weiteres Beispiel zur Bilanzoptimierung ist der Forderungsverkauf (Factoring). Dies kann beispielsweise die Liquidität verbessern. Außerdem kann das Factoring auch verkürzend auf die Bilanzsumme wirken, sobald die erhaltenen Barmittel zur Schuldentilgung eingesetzt werden.

2.2 Qualitative Faktoren

Tz. 121

Soft Facts

Unter dem Begriff qualitative Faktoren (auch als Soft Facts bezeichnet) werden alle Informationen über Kunden, Branchen und Managementstrukturen subsumiert. Konkret handelt es sich hier um Fragen bzw. Einschätzungen bezüglich

- Markt, Branche und Wettbewerbsumfeld,
- Marktanteil des Unternehmens,
- Image des Unternehmens,
- Inkassowesen,
- Unternehmenszielen,
- fachlicher Qualifikationen,
- Mitarbeiterqualifikation und -organisation,
- Vertriebsorganisation,
- Produktentwicklungen,
- Risikosteuerung und Controlling,
- Abhängigkeit von Kunden und Lieferanten,
- Konjunkturabhängigkeit und allgemeiner Insolvenzgefahr der Branche,
- Nachfolgeregelungen bei Einzelunternehmen bzw. Familienbetrieben.

Zusätzlich wird das Kreditinstitut die Auskunftsbereitschaft des Kunden und die Zuverlässigkeit hinsichtlich bisheriger Vereinbarungen einbeziehen.

3. Rating-Prüfung

3.1 Zielsetzung des Ratingverfahrens

Tz. 122

Mittels des Ratings soll eine Einschätzung über die Bonität des betreffenden Unternehmens abgegeben werden. Der Kreditgeber wird versuchen, eine eindeutige Risikoeinstufung mit der passenden zwangsweisen Eigenmittelunterlegung zu erreichen. Je höher die Bonität ist, desto weniger Eigenmittel werden benötigt, sodass mit den freien Eigenmitteln zusätzliche Geschäfte abgeschlossen werden können. Zielsetzung

Aus Sicht des Kreditnehmers hat das Ergebnis des Ratings unmittelbare Auswirkung auf die Zinshöhe. Insofern wird das Unternehmen versuchen, ein möglichst positives Rating zu erhalten bzw. im Fall einer wiederholten Ratingprüfung ein besseres Ergebnis zu erzielen.

3.2 Rating

Tz. 123

Am Ende des Ratingprozesses steht die Zuteilung einer Bonitätsklasse. Als Bonitätsklassen, die zur Diversifikation noch mit Plus und Minuszeichen ergänzt werden können, gelten: Bonitätsklassen

Bonitätsklasse	Internationale Bezeichnung	Beschreibung
AAA	Prime	Außergewöhnlich gute Fähigkeit des Schuldners, seinen Verpflichtungen nachzukommen
AA	High Grade	Sehr gute Fähigkeit des Schuldners, seine finanziellen Verpflichtungen zu erfüllen
A	Upper Medium Grade	Gute Fähigkeit des Schuldners, seine finanziellen Verpflichtungen zu erfüllen
BBB	Lower Medium Grade	Verminderte Fähigkeit des Schuldners, bei Eintritt stark nachteiliger wirtschaftlicher Entwicklungen seinen finanziellen Verpflichtungen nachzukommen
BB	Non Investment Grade (Speculative)	Verminderte Fähigkeit des Schuldners, bei Eintritt nachteiliger wirtschaftlicher Entwicklungen seinen finanziellen Verpflichtungen nachzukommen
B	Highly Speculative	Hohe Wahrscheinlichkeit des Zahlungsverzugs bei Eintritt nachteiliger wirtschaftlicher Entwicklungen
CCC	Substantial Risks	Aktuelle Anfälligkeit für Zahlungsverzug
CC	Extremly Speculative	Aktuelle hohe Anfälligkeit für Zahlungsverzug
C	In Default with little Prospect of Discovery	Insolvenzantrag wurde gestellt, Schulden werden dennoch bedient
D	In Default	Schuldner ist bereits in Zahlungsverzug

Tz. 124

Risikogewicht

Im Rahmen des Ratingprozesses wird auch das sog. Risikogewicht einbezogen. Das Risikogewicht stellt eines der Kernelemente innerhalb der Regulierung von Basel II dar, das die Ermittlung der mit Eigenmitteln zu unterlegenden risikogewichteten Aktiva durch Multiplikation von Risikogewicht und Positionsvolumen ermöglicht. Das Risikogewicht beträgt beispielsweise bei einem Rating AAA bis AA- 20 %, bei A+ bis A- 50 %, bei BBB+ bis BB- 100 % und unterhalb 150 %.

Tz. 125

KSA

Im Kreditrisiko-Standardansatz (KSA) dürfen die Institute für bestimmte Forderungsklassen das Risikogewicht von Adressrisikopositionen auf der Grundlage externer Bonitätsbeurteilungen ermitteln. Voraussetzung ist, dass diese von aufsichtlich anerkannten Ratingagenturen oder von Exportversicherungsagenturen veröffentlicht wurden.

Abhängig von der externen Bonitätsbeurteilung werden den Adressrisikopositionen je nach Forderungklasse – abweichend von den unter Tz. 124 dargestellten Risikogewichten – in feineren Abstufungen Risikogewichte von 0 %, 10 % , 20 % , 50 % , 100 % , 150 % , 350 % oder 1250 % zugeordnet. Für unbeurteilte Adressrisikopositionen sind pauschale Risikogewichte festgelegt. Daneben gibt es im KSA jedoch auch Forderungsklassen, in denen externe Bonitätsbeurteilungen für die Risikogewichtung generell keine Rolle spielen. Für sie kommen ausschließlich pauschale Risikogewichte zur Anwendung, die nur die Art der Adressrisikoposition berücksichtigen.

4. Auswirkungen der Richtlinie auf Unternehmen, Industrie und Handel

4.1 Kreditaufnahme

Tz. 126

Riskoreduzierung

Die Beschränkung des Kreditrisikos kann auf folgende Arten erfolgen:

- **Risikoteilung**
  Das erforderliche Kapital wird von mehreren Geldgebern gemeinsam, zum Beispiel von einem Bankenkonsortium, bereitgestellt. So sinkt das Risiko des einzelnen Gläubigers bei einem etwaigen Forderungsausfall.
- **Risikostreuung**
  Der Kapitalgeber verteilt seine Anlagen nach folgenden Kriterien:
  - **sachlich:** in verschiedene Branchen
  - **zeitlich:** mit unterschiedlichen Fälligkeiten
  - **örtlich:** in unterschiedliche Regionen
  - **persönlich:** auf unterschiedliche Schuldner
  - **qualitativ:** auf unterschiedliche Bonitätsklassen
- **Risikokompensation**
  Ein eventueller Ausfall wird soweit möglich kompensiert. Dies kann durch die Vereinbarung von Gegengeschäften oder Realsicherheiten (siehe unten) geschehen.
- **Risikoüberwälzung**
  Das Risiko wird (teilweise) auf Dritte verlagert. Hierzu kann eine Ausfallversicherung oder ein Bürgschaftsvertrag (siehe Tz. 128) abgeschlossen werden.

4.2 Zinskonditionen

Tz. 127

Die Fremdkapitalgeber lassen sich das Kreditrisiko honorieren. Dies kann durch folgende Instrumente geschehen:

Rating und Zinshöhe

- **Höhe der Zinsen**
  Die Höhe der Zinsen orientiert sich neben dem üblichen Marktzinsniveau auch an der Höhe des Risikos, die u. a. durch die Bonitätsklasse definiert ist. Dies bedeutet, dass Fremdkapitalgeber bei risikoreicheren Investments in den Zinssatz einen entsprechenden Risikozuschlag einrechnen. Hintergrund ist auch, dass Banken und vergleichbare Kreditgeber aufgrund der Regelungen des Baseler Akkords umso mehr Eigenkapital vorhalten müssen, desto schlechter die Bonität des Kunden ist. Die Berücksichtigung der Bonitätsunterschiede bei der Bemessung des Zinssatzes wird auch als risikoadäquate Kreditpreisfestsetzung bezeichnet.
- **Kreditlaufzeit**
  Je länger die Laufzeit von Krediten ist, desto wichtiger werden die Bonitätsgewichte. Dies führt aufgrund des wachsenden Ausfallrisikos zu einer steigenden Eigenkapitalunterlegung (sog. Laufzeitzuschlag). Für die Praxis bedeutet das oftmals, dass verstärkt kurzfristige Kredite vergeben bzw. nachgefragt werden.
- **Aktive Einflussnahme**
  Bei größeren Investments ist es durchaus üblich, dass sich Kreditgeber eine aktive Einflussnahme auf die Geschäftspolitik des Schuldners vorbehalten. Dies erfordert neben einer permanenten Information des Gläubigers über wesentliche Entwicklungen ein gewisses Maß an Kontrolle und Mitsprache hinsichtlich wichtiger geschäftspolitischer Entscheidungen.

4.3 Sicherheiten

Tz. 128

Da ein Kreditgeber eine größtmögliche Begrenzung des Kreditrisikos anstrebt, wird er vom Kreditnehmer Sicherheiten fordern. Jene können sowohl akzessorischen oder fiduziarischen Charakter haben. Als akzessorisch[13] bezeichnet man eine Sicherheit, die an das Bestehen einer Forderung gebunden ist. Dies ist sowohl bei Bürgschaften als auch bei Pfandrechten der Fall. Als fiduziarische[14] Sicherheiten werden Sicherheiten bezeichnet, die nicht an das Bestehen einer Forderung gebunden sind. Beispiele hierfür sind Grundschulden und Sicherungsübereignungen.

akzessorische oder fiduziarische Sicherheiten

Tz. 129

An die Regelungen des Baseler Akkords gebundene Kreditgeber haben grundsätzlich die Möglichkeit, eine geforderte Risikoprämie im Zins durch Kreditsicherheiten zu ersetzen. Voraussetzung ist jedoch, dass es sich um anerkennungsfähige Sicherheiten wie beispielsweise Wertpapiere mit gutem Rating oder Grundpfandrechte handelt. Je werthaltiger die Kreditsicherheit ist, desto günstiger ist der Kreditzinssatz.

Risikoprämie durch Sicherheiten reduziert

13 lat. von accessorius = abhängig, gebunden
14 lat. von fiduciarius = treuhänderisch

Basel II teilt die verschiedenen Verfahren zur Minderung des Kreditrisikos der Banken in fünf Kategorien auf:

- Sicherheiten im engeren Sinne (z. B. Wertpapiere, Edelmetalle und Forderungsabtretungen),
- Grundpfandrechte,
- Garantien und Kreditderivate,
- Nettingvereinbarungen[15],
- Verbriefung von Kreditforderungen.

Tz. 130

Blankodarlehen

Verzichtet der Kreditgeber auf Sicherheiten spricht man von einem Blankodarlehen. Dieses wird, abgesehen von Kleinkrediten, nur bei einer ausgezeichneten Bonität des Schuldners gewährt. Wird nur ein Teil der Forderung abgesichert, wird der nicht abgesicherte Teil als Blankoanteil des Darlehens bezeichnet.

15 Netting wird umgangssprachlich häufig mit dem Begriff Aufrechnung gleichgesetzt. Dies bedeutet, dass gegenläufige Forderungen zu einer „Netto-Position" zusammengefasst werden.

1.) Urteilen Sie, ob folgende Aussagen richtig oder falsch sind.

a) Das Hauptziel von Basel II ist die Sicherung einer angemessenen Eigenkapitalausstattung von Kreditinstituten.

b) Das Hauptziel von Basel II ist die Sicherung einer angemessenen Eigenkapitalausstattung von Darlehensempfängern.

c) Kreditinstitute müssen umso mehr Eigenkapital vorhalten, je höher das Ausfallrisiko ist.

d) Durch Basel II sind die Offenlegungspflichten für Kreditinstitute erweitert worden.

a), c) und d): richtig; b): falsch (Tz. 109 ff.)

2.) Nennen Sie drei bekannte Ratingagenturen.

Moody's, Standard & Poor's und Fitch (Tz. 118)

3.) Ordnen Sie die folgenden quantitativen Kriterien den Begriffen Vermögenslage (V), Finanzlage (F) und Ertragslage (E) zu.

a) Eigenkapitalquote

b) Umsatzrentabilität

c) Liquiditätsgrad

d) Verschuldungsgrad

e) Cashflow

f) Gesamtkapitalrentabilität

V: a) und d)

F: c) und e)

E: b), e) und f) (Tz. 119)

4.) Welches Risikogewicht wird einem Unternehmen mit der Bonitätsstufe A- zugewiesen?

Der Bonitätsstufe A- entspricht ein Risikogewicht von 50 % (Tz. 124).

IV. Betriebs- und volkswirtschaftliche Zusammenhänge

Tz. 131

volkswirtschaftliche Grundüberlegungen

Volkswirtschaftslehre ist vor allem die Wissenschaft von der Bewirtschaftung der Ressourcen, die einer Gesellschaft zur Verfügung stehen. „Problematisch" ist hierbei, dass die Ressourcen in den meisten Gesellschaften nicht zentral verwaltet und zugeteilt werden, sondern dass das Verhalten aller Unternehmen und Haushalte die Bewirtschaftung beeinflusst. Die Volkswirtschaftslehre versucht, die Zusammenhänge dieser individuellen Entscheidungsprozesse zu analysieren und auch vorherzusagen.

Um ein besseres Verständnis hierfür zu entwickeln, werden im Folgenden einige volkswirtschaftliche Grundüberlegungen vorgestellt.

Tz. 132

► **Das Leben – ein ständiger Entscheidungsprozess**

Alternativen

Wenn man sich mit der Volkswirtschaftslehre befasst, muss einem bewusst sein, dass der Alltag darin besteht, Entscheidungen zu treffen, also Alternativen abzuwägen.
Dies lässt sich an einem einfachen Beispiel demonstrieren: Sie müssen sich in der Prüfungsvorbereitung entscheiden, wie viel Zeit Sie für das Studium der einzelnen Fächer aufwenden. Jede Stunde, in der Sie sich mit einem Fach beschäftigen, fehlt Ihnen bei der Vorbereitung auf ein anderes Fach.

Zielkonflikte

Darüber hinaus müssen auch Zielkonflikte gelöst werden, beispielsweise zwischen einer sauberen Umwelt und kostengünstiger Produktion oder zwischen der Einsparung von Sozialleistungen und sozialer Gerechtigkeit.

Tz. 133

► **Opportunitätskosten – die Kosten eines Gutes**

(Gesamt-)Kosten eines Gutes

Die Kosten eines Gutes sind nicht vom Markt vorgegeben, sondern setzen sich vielmehr aus dem zusammen, was man für den Erwerb eines Gutes aufgibt. Denken Sie wieder an Ihre Prüfungsvorbereitung: Die Kosten hierfür belaufen sich nicht nur auf Lehrgangs- und Prüfungsgebühren, sondern auch auf Fahrtkosten, eventuelle Verpflegungsmehraufwendungen oder gar Verdienstausfälle, weil Sie während des Studiums Ihrer Arbeit nicht mehr im vollen Umfang nachgehen können.

Tz. 134

► **Menschen reagieren auf Anreize**

Anreize als Fixpunkt

Dreh- und Angelpunkt der Volkswirtschaftslehre sind Anreize. Diese sind entscheidend für die Analyse, wie Märkte funktionieren: Steigt der Preis eines Gutes, weichen viele Marktteilnehmer auf ein Ersatzgut aus, dessen Preise nicht gestiegen bzw. im geringeren Maß gestiegen sind. Ein konkretes Beispiel hierfür sind die steigenden Benzinpreise. Diese veranlassen viele Autofahrer, entweder ganz auf das Autofahren zu verzichten oder zumindest auf benzinsparende bzw. alternativ angetriebene Fahrzeuge umzusteigen.
Folgende Grafik verdeutlicht, in welcher Weise ein fallender Preis zu einer erhöhten Nachfrage führen kann:

ABB. 2: Erhöhte Nachfrage durch Preisabfall

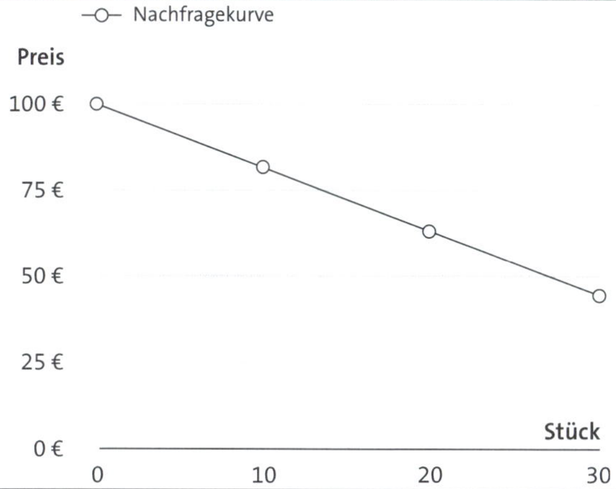

Tz. 135

▶ Warum Marktwirtschaft besser funktioniert als Planwirtschaft

Marktwirtschaft vs. Planwirtschaft

In den kommunistischen Staaten des Ostblocks entschieden zentrale Planer der jeweiligen Regierung, welche Waren und Dienstleistungen hergestellt wurden, wie hoch die Produktionsmenge war, wer produzieren durfte und teilweise sogar wer konsumieren durfte. Obwohl – oder gerade weil – sämtliche Entscheidungen zentralisiert waren, hat sich die Planwirtschaft nicht durchgesetzt.

In einer Marktwirtschaft sind Millionen von Haushalten und Unternehmungen vorhanden, die die Entscheidungen treffen. Dies endet jedoch nicht im Chaos, sondern führt zu einer wesentlich zielgerechteren Wirtschaftspolitik, da eine Vielzahl der Individuen – die Macht des Marktes – und nicht eine zentrale Stelle das Geschehen bestimmt.

Tz. 136

▶ Der Staat greift dennoch in das Wirtschaftsleben ein

Eingriff des Staats

Nach den Ausführungen unter Tz. 135 könnte man den Eindruck gewinnen, dass sich der Staat vollständig aus dem Wirtschaftsleben raushalten sollte. Dies stimmt so jedoch nicht, da es eine Aufgabe des Staates ist, den Markt zu schützen. Dies geschieht durch kartellrechtliche Kontrollen, aber auch durch Sicherheitsvorkehrungen wie Verkehrskontrollen oder Zugangskontrollen an Flughäfen.

Darüber hinaus greift der Staat bei Marktversagen ein, wenn es also der Markt alleine nicht schaffen würde, die Ressourcen effizient zu verteilen. Dies wirkt sich dann beispielsweise in Sozialleistungen aus.

Außerdem tritt der Staat am Markt als Nachfrager auf. Dies geschieht nicht nur, um seine Bedürfnisse zu befriedigen, sondern auch um gezielt einzelne Branchen – beispielsweise in Krisenzeiten – zu stützen.

1. Produktionsfaktoren im Betrieb

Tz. 137

Wirtschaftskreislauf

Eine Volkswirtschaft besteht aus Millionen von individuellen Marktteilnehmern. Um deren Zusammenspiel besser zu verstehen, können deren Aktivitäten vereinfachend wie folgt dargestellt werden:

ABB. 3: Zusammenspiel der Marktteilnehmer

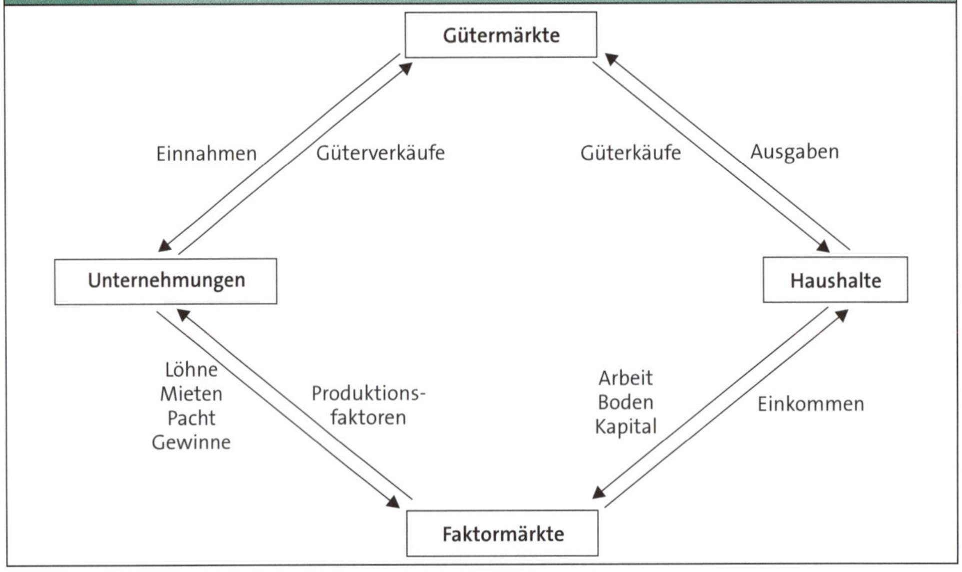

Bei dieser Darstellung werden die Faktoren Staat und Ausland als weitere Sektoren nicht einbezogen. Diese Faktoren sind für das Grundverständnis des volkswirtschaftlichen Kreislaufs jedoch nicht von Belang.

Tz. 138

Input => Output

Eine Unternehmung bzw. ein Betrieb ist also eine Wirtschaftseinheit zur Deckung der Fremdbedarfe, die Inputs (Produktionsfaktoren) zu Outputs (Güter/Produkte) transformieren. Auf eine Unternehmung wirken folgende Produktionsfaktoren ein:

ABB. 4: Produktionsfaktoren einer Unternehmung

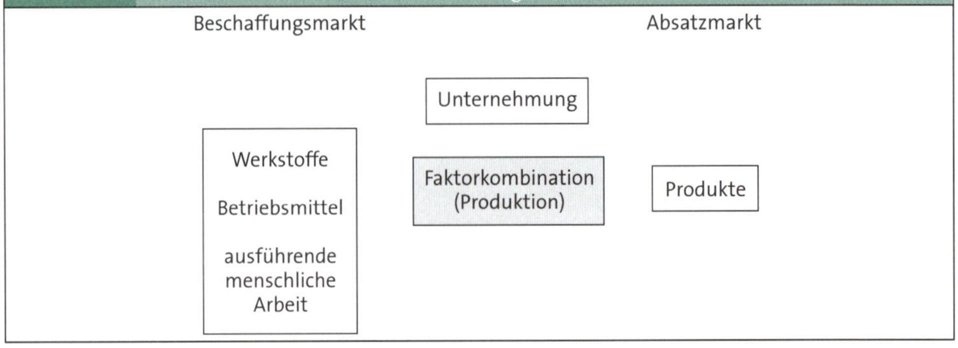

Der Prozess der Transformation wird als Leistungserstellung oder Produktion bezeichnet. Dies unterscheidet die Unternehmung von den Haushalten. Die Haushalte werden aus diesem Grund häufig auch als Konsumwirtschaft bezeichnet.

1.1 Grundlagen für die Leistungserstellung (Wirtschaftsprozess)

Tz. 139

Teilbereiche einer Unternehmung

Eine Unternehmung besteht vereinfacht aus drei Teilbereichen:

- Produktion (betriebliche Leistungserstellung)
- Absatz (betriebliche Leistungsverwertung)
- Finanzierung (Kapitalbeschaffung und -verwendung)

Die Bereiche Produktion und Absatz werden gemeinsam als güterwirtschaftlicher Bereich und die Finanzierung als finanzwirtschaftlicher Bereich bezeichnet.

Den Zusammenhang der güterwirtschaftlichen und finanzwirtschaftlichen Funktionen zeigt das nachfolgende Schaubild. Dieses wurde um den Faktor Umwelt (hier: Abfallentsorgung) ergänzt.

ABB. 5: Teilbereiche einer Unternehmung

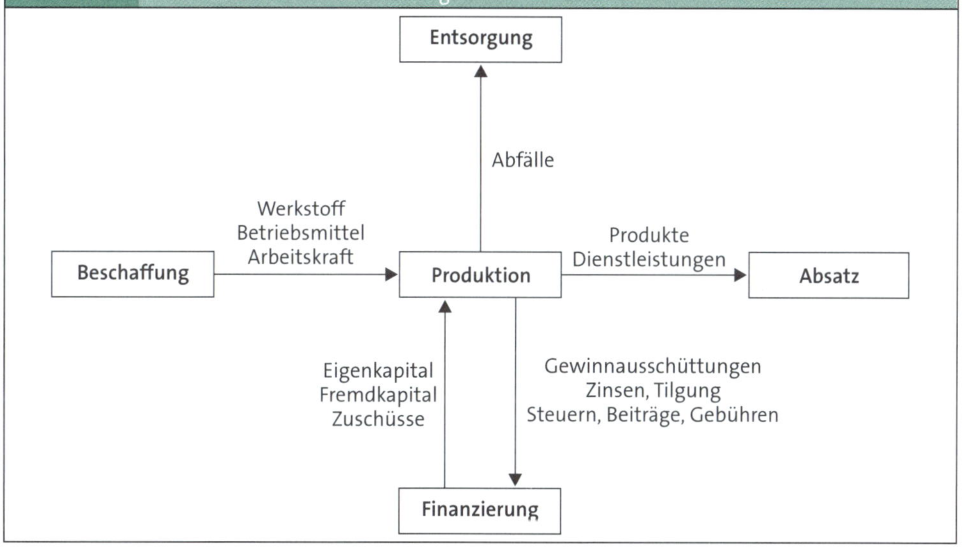

1.2 Arten betrieblicher Produktionsfaktoren

Tz. 140

Produktionsfaktoren

Die volkswirtschaftlichen Produktionsfaktoren werden betriebswirtschaftlich wie folgt eingeteilt:

- Arbeit = dispositive Arbeit und ausführende Arbeit (objektbezogen)
- Boden = Betriebsmittel (abnutzbar und nicht abnutzbar)
- Kapital = Werkstoffe und Roh-, Hilfs- und Betriebsstoffe

Zu diesen klassischen Produktionsfaktoren kamen in den letzten Jahren die Bereiche Wissen/Humankapital und Umwelt/Natur als eigene Faktoren dazu.

Die Produktionsfaktoren werden betriebswirtschaftlich in Elementarfaktoren (z. B. Werkstoffe) und in dispositive Faktoren (z. B. Organisation) unterteilt.

1.2.1 Arbeitsleistung

Tz. 141

Arbeitsleistung

Die Arbeitsleistung ist ein besonderer, sensibler Produktionsfaktor. Dies ist dadurch begründet, dass die Unternehmungen keine Verfügungsgewalt über die Arbeitskräfte erwerben, sondern diese vertraglich binden. Das Ziel der Unternehmungen ist es, die menschliche Arbeitskraft so produktiv als möglich einzusetzen.

Tz. 142

Effizienzlohntheorie

Wichtig ist in diesem Bereich die Effizienzlohntheorie, die besagt, dass Unternehmungen dann effizienter arbeiten, wenn sie höhere Löhne als die Gleichgewichtslöhne zahlen. Dies zeigt sich an folgenden Beispielen:

- **Gesundheitszustand der Arbeitskräfte**
  Es ist nachgewiesen, dass zwischen der Entlohnungshöhe und dem Gesundheitszustand der Arbeitskräfte ein unmittelbarer Zusammenhang besteht: Besser entlohnte Arbeitskräfte ernähren sich im Regelfall mit einer ausgewogeneren und hochwertigeren Kost und sind somit gesünder und leistungsfähiger. Dieser Faktor hat vor allem in Entwicklungs- und Schwellenländern eine große Bedeutung.
- **Arbeitsplatzwechsel**
  Es besteht außerdem ein Zusammenhang zwischen der Entlohnungshöhe und dem Arbeitsplatzwechsel. Unternehmen mit häufigem Arbeitskräftewechsel haben tendenziell höhere Produktionskosten. Dies liegt vor allem daran, dass Neueinstellungen hohe Kosten verursachen. Darüber hinaus bestehen hohe Folgekosten durch die Anlern- und Einarbeitungsphase. Außerdem besteht die Gefahr, dass die Beschäftigten bei einem Arbeitsplatzwechsel auch firmeneigenes Wissen mitnehmen.
- **Arbeitsleistung**
  Die dritte Säule der Effizienzlohntheorie besteht aus dem Zusammenhang zwischen der Entlohnungshöhe und der Anstrengung bzw. dem Einsatz des einzelnen Beschäftigten. Dies zeigt sich vor allem in Leistungszulagen und in Akkordlohnvereinbarungen. Bei letzterer wird die Leistung pro Zeiteinheit bewertet.
  Ein weiterer Bestandteil dieser Säule ist die „Reservearmee der Arbeitslosen" (Karl Marx). Die Theorie ist, dass die Arbeitgeber dadurch einen Vorteil hätten, dass die ständige Bedrohung durch Arbeitslosigkeit die Beschäftigten diszipliniert.
- **Qualifikation der Arbeitskräfte**
  Des Weiteren baut die Effizienzlohntheorie auf die Verknüpfung zwischen Entlohnungshöhe und Qualifikation der Arbeitskräfte auf. Es ist zwar schwierig, die Qualifikation von Arbeitsplatzbewerbern zuverlässig einzuschätzen, es besteht jedoch die Hoffnung, dass ein hohes Lohnniveau eine gewisse Anziehungskraft auf besser qualifizierte Bewerber ausübt.

1.2.2 Betriebsmittel

Tz. 143

Betriebsmittel

Betriebsmittel gehen in das Produkt nur mittelbar über einen längeren Zeitraum ein. Betriebsmittel werden unterschieden in abnutzbare Betriebsmittel (z. B. Technische Anlagen, Maschinen, Gebäude, Fuhrpark) und nicht abnutzbare Betriebsmittel wie Grundstücke. Die Beschaffung von Betriebsmitteln erfordert im Regelfall eine Investitionsrechnung. Deren Wirtschaftlichkeit wird insbesondere anhand folgender Kriterien beurteilt:

- Investitionskosten
- Nutzungsdauer
- Betriebskosten
- Kapazität
- Flexibilität

1.2.3 Werkstoffe

Tz. 144

Werkstoffe

Werkstoffe sind alle Roh-, Hilfs- und Betriebsstoffe und unfertige Erzeugnisse, die als Grundstoff der Herstellung der Erzeugnisse dienen. Es werden folgende Differenzierungen vorgenommen:

- **Rohstoffe** gehen als wesentlicher Bestandteil unmittelbar in das Endprodukt ein. Zu ihnen zählen in der Kfz-Fertigung beispielsweise Stahl, Aluminium, Glas und diverse Kunststoffe.
- **Hilfsstoffe** gehen als unwesentlicher Bestandteil ebenfalls in das Endprodukt ein. Beispiele können im Rahmen der Kfz-Fertigung Schrauben, Muttern und Lacke sein.

- **Betriebsstoffe** gehen nicht unmittelbar in das Endprodukt ein, sondern sind zum Betrieb der Anlagen erforderlich. Beispiele hierfür sind Strom, Wasser, Schmiermittel und dergleichen.

1.2.4 Unternehmensführung als dispositiver Faktor

Tz. 145

Unternehmensführung

Ein Großteil der Produktion findet zumindest in unseren Breiten in Kapitalgesellschaften statt. Charakteristisch für Kapitalgesellschaften ist im Gegensatz zu Familienunternehmen, dass Unternehmensbesitz und Unternehmensleitung nicht vereint sind. Die Kapitalgesellschaft befindet sich im Besitz der Anteilseigner, die sich den Unternehmensgewinn teilen, während das Management zu entscheiden hat, wie die vorhandenen Ressourcen eingesetzt werden sollen. Die ständig anstehenden Entscheidungen, aber auch die Grundsatzentscheidungen, betreffen vor allem

- organisatorische Rahmenbedingungen
- Geschäftsfelder des Unternehmens
- Produktfelder
- einzusetzende Technologien
- Umweltverträglichkeit der Produktion

Tz. 146

Drei Hauptbereiche des Managements

Das Management wird regelmäßig in drei Hauptbereiche eingeteilt:

- **Normatives Management**
  - Bestimmung des Unternehmenszweckes
  - Festlegung der Unternehmensphilosophie
  - Definition der Corporate Identity
- **Strategisches Management**
  - Festlegung grundlegender Vorhaben
  - Bestimmung der Unternehmensziele
  - Strukturierung der Aufbauorganisation
- **Operatives Management**
  - Definition der Ablauforganisation
  - Verteilung der Ressourcen

In der Praxis wird das Management bei diesen grundlegenden Entscheidungen von der Gesellschafterversammlung/Hauptversammlung, dem Aufsichtsrat oder von Beiräten unterstützt. Innerbetrieblich werden die Hauptbereiche des Managements oftmals auch mit anderen übergreifenden Begriffen festgelegt. Dies sind beispielsweise die Bereiche Personalmanagement, Entwicklungsmanagement und Qualitätsmanagement.

2. Betriebliche Funktionen

Tz. 147

Wertschöpfung

Wie bereits weiter oben erläutert, ist eine wesentliche Aufgabe einer Unternehmung, Produkte bzw. Dienstleistungen zu erstellen. Dies geschieht dadurch, dass diverse Inputfaktoren in einem Transformationsprozess zu einem Output führen. Aufgrund der Wertschöpfung während der Transformation wird der Vorgang auch als Wertschöpfungsprozess bezeichnet. Das Zusammenspiel der einzelnen Faktoren innerhalb eines Unternehmens stellt folglich eine Wertschöpfungskette dar, die in folgende Bereiche untergliedert werden kann:

- Beschaffung
- Produktion bzw. Erbringung der Dienstleistung
- Vertrieb/Absatz
- Forschung und Entwicklung
- Personalbereitstellung
- Finanzierung (Eigen- und Fremdkapital)

Supply Chain Management

Die beschriebene Wertschöpfungskette umfasst den gesamten betrieblichen Bereich – vom Lieferanten bis zum Endkunden – und wird daher als Supply Chain Management bezeichnet.

2.1 Gliederung betrieblicher Funktionen

Tz. 148

betriebliche Funktionen

Die betrieblichen Funktionen werden, wie bereits dargestellt, in folgende Grundbereiche unterteilt:

- Herstellung des Produkts bzw. Erbringung der Dienstleistung
- Vertrieb
- Verwaltung
- Forschung

2.2 Arten betrieblicher Funktionen

2.2.1 Personalwirtschaft

Tz. 149

Personalwirtschaft

Die Personalwirtschaft, die auch als Personalmanagement oder Personalwesen bezeichnet wird, deckt den gesamten personellen Bereich eines Unternehmens ab. Folgende Faktoren sind besonders relevant:

Leistung

- **Leistungsfaktor**
  Dieser Faktor beschreibt, dass die Unternehmung durch hochmotivierte, leistungsbereite Mitarbeiter einen Wettbewerbsvorsprung gegenüber der Konkurrenz erreichen kann.

Kosten

- **Kostenfaktor**
  Dieser Faktor ist besonders entscheidend, da die Personalkosten insbesondere in Deutschland einen nicht unerheblichen Fixkostenblock darstellen und aufgrund des Kündigungsschutzes auch schwer reduziert werden können.

Produktion

- **Produktionsfaktor**
  Personal kann auch als Produktionsfaktor gesehen werden, da die Ertragskraft des Faktors Arbeit von individuellen Faktoren wie Fortbildungsbereitschaft, Motivation und Zufriedenheit abhängt.

Tz. 150

Personalplanung

Im Rahmen der Personalplanung werden insbesondere folgende Teilaspekte betrachtet:

- **Personalbedarfsplanung**
  Hier wird untersucht, wie viele Beschäftigte welcher Qualifikation benötigt werden.
- **Personalbeschaffungsplanung**
  In diesem Bereich setzt man sich damit auseinander, wie das benötigte Personal beschafft werden kann. Es ist beispielsweise zu entscheiden, ob man Stellenanzeigen schaltet, an das Arbeitsamt herantritt oder einen Headhunter beauftragt.
- **Personaleinsatzplanung**
  Aufgabe dieses Sektors ist, das vorhandene Personal den einzelnen betrieblichen Bereichen zuzuweisen. Dies umfasst neben der fachlichen und örtlichen Einteilung auch den Zeitaspekt.

- **Personalentwicklungsplanung**
  Dieser Teilaspekt untersucht, wie die Mitarbeiterqualifikation und damit auch der betriebliche Erfolg gesteigert werden kann.
- **Personalabbauplanung**
  Sofern personelle Überkapazitäten bestehen, muss geprüft werden, wie das Personal abgebaut werden kann. Dies kann beispielsweise durch Kurzarbeitsmaßnahmen oder durch Entlassungen geschehen.

Tz. 151

Mitarbeitermotivation

Im Bereich der Personalführung ist es besonders wichtig, die Mitarbeitermotivation zu steigern. Dies kann natürlich durch monetäre Anreize (Arbeitsentgelt, betriebliche Sozialleistungen, Erfolgsbeteiligungen usw.) geschehen. Wesentlich interessanter dürfte aber der Einsatz nichtmonetärer Instrumente wie Aufstieg, Arbeitszeitvergünstigungen, Arbeitsplatzgestaltung oder Führungsstil sein. Eine Hilfestellung bei der Erfüllung dieser Bedürfnisse könnte die von dem Psychologen *Abraham Harold Maslow* entwickelte Bedürfnispyramide sein. Diese stellt die menschlichen Bedürfnisse, angefangen von körperlichen Existenzbedürfnissen wie Nahrung, Gesundheit und Kleidung bis hin zu quasi unerreichbaren Motiven wie Selbstverwirklichung und ständiger Selbstverbesserung, dar.

Maslowsche Bedürfnispyramide

ABB. 6: Maslowsche Bedürfnispyramide

2.2.2 Materialwirtschaft

Tz. 152

Materialwirtschaft

Die Materialwirtschaft hat zum Ziel, das benötigte Material in der geforderten Art und Qualität in den benötigten Mengen am richtigen Ort rechtzeitig bereitzustellen. Aus dieser Definition kann abgeleitet werden, dass die Materialwirtschaft das Beschaffungswesen, die Lagerhaltung und die Distribution des Materials zum Ziel hat. Dies alles soll natürlich möglichst kostengünstig geschehen. Maßgebliche Stellschrauben sind hier die unmittelbaren Beschaffungskosten (Einkaufspreise), die mittelbaren Beschaffungskosten (Transportkosten) und die Lagerkosten.

Im Rahmen der Materialbewirtschaftung müssen jedoch auch die Abfall- und Reststoffentsorgung, die Optimierung des Produktionsablaufs (ggf. mittels Verlagerung von Produktionsstandorten), die Lagerausstattung (Standort, Einrichtung und Kapazität) und die Ressourcenschonung beachtet werden.

Außerdem umfasst die Materialwirtschaft auch das Beschaffungsmarketing, also die Marktforschung, die Produkt- und die Konditionenpolitik.

2.2.3 Fertigungswirtschaft

Tz. 153

Fertigungswirtschaft

Bestandteil der Fertigungswirtschaft ist der gesamte betriebliche Leistungsprozess im Bereich der betrieblichen Leistungserstellung. Wie bereits weiter oben beschrieben, ist die Produktion die Kombination von Produktionsfaktoren zum Zweck der Erstellung von Sach- und Dienstleistungen. Dies umfasst auch den Bereich der Investitionsplanung, also die Verwendung der finanziellen Mittel zur Beschaffung von Sachvermögen, immateriellem Vermögen und gegebenenfalls Finanzvermögen. Die Investitionsplanung kann sowohl mittels statischer Verfahren (z. B. Rentabilitätsrechnungen und Amortisationsrechnungen) als auch mittels dynamischer Verfahren (z. B. Kapitalwertmethode und Annuitätenmethode) vorgenommen werden.

2.2.4 Absatzwirtschaft/Marketing

Tz. 154

Marketing

Unter den Bereich Absatzwirtschaft/Marketing fällt die nächste Stufe des betrieblichen Leistungsprozesses. Diese umfasst die Suche nach Abnehmern der Güter/Dienstleistungen und deren Transport. Basis für die Absatzwirtschaft ist die Marktforschung, insbesondere hinsichtlich der Produktpolitik, Preispolitik und Werbung. Darüber hinaus müssen auch die verschiedenen Absatzmethoden (z. B. Verkauf über Ladengeschäfte bzw. über Online-Shops) untersucht werden.

2.2.5 Finanzwirtschaft

Tz. 155

Finanzwirtschaft

Zudem muss sich der Betrieb auch um die Finanzierung der betrieblichen Leistungserstellung kümmern. Hierunter fällt neben der reinen Bereitstellung von finanziellen Mitteln auch die Eigen- und Fremdkapitalbeschaffung.

Die Investitions- und Finanzierungsentscheidungen werden in den Liquiditätsplanungen bzw. in Finanzplänen berücksichtigt.

Tz. 156

Kreislauf- und Querschnittsfunktion

Die betrieblichen Funktionen werden in Kreislauf- und Querschnittsfunktionen unterteilt. Zu den Kreislauffunktionen zählen die Produktions- und die Finanzwirtschaft, als Querschnittsfunktion wird beispielsweise die Investitions- und die Personalwirtschaft bezeichnet.

3. Wirtschaftsordnung und Wirtschaftssysteme

Tz. 157

Die Organisation der volkswirtschaftlichen Entscheidungsprozesse tritt in zwei Formen auf, nämlich in der freien Marktwirtschaft und in der zentralen Planwirtschaft.

3.1 Freie Marktwirtschaft

Tz. 158

Marktwirtschaft

Das Modell der freien Marktwirtschaft beruht auf den Gedanken des englischen Ökonomen *Adam Smith*, der 1770 ein Idealmodell für eine pluralistische Wirtschaftsordnung vorstellte. In dieser werden die Produktion der Güter und Dienstleistungen sowie deren Verteilung selbständig über den Markt mittels der Faktoren Angebot und Nachfrage geregelt und durch die marktbestimmten Preise reguliert. Dies bedeutet, dass der Preis die Produktion steuert. Es ergibt sich folgender Preiskreislauf:

ABB. 7: Preiskreislauf (nach Adam Smith)

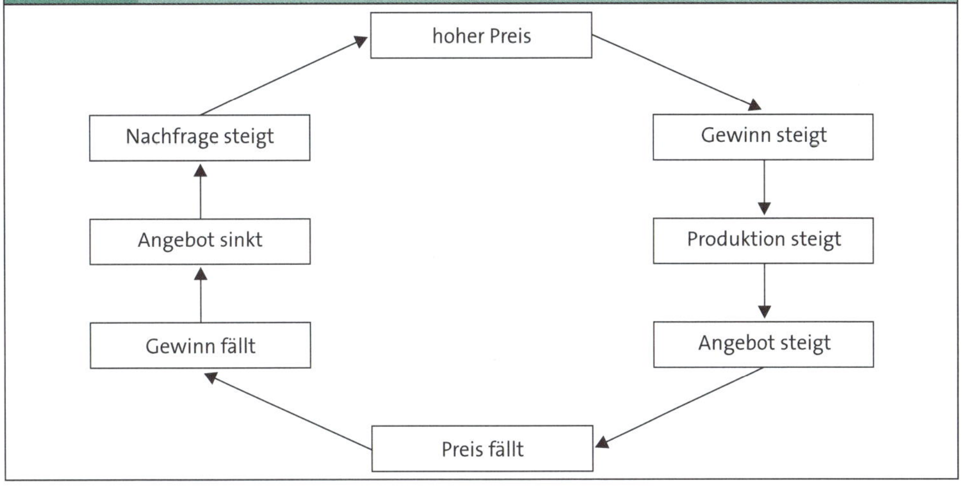

Preiskreislauf (nach Adam Smith)

Der Staat verzichtet in der Grundidee von *Adam Smith* auf Eingriffe in den Wirtschaftsablauf und garantiert die Vertragsfreiheit, den freien Wettbewerb, die Niederlassungs- und Berufsfreiheit sowie ein funktionierendes Geldwesen.

Tz. 159

Vor- und Nachteile

Die Vorteile der freien Marktwirtschaft liegen auf der Hand:

- völlige Entscheidungsfreiheit der Unternehmen und Haushalte,
- freie Standortwahl,
- freie Berufs- und Arbeitsplatzwahl,
- keine Einschränkung bei der Verfügung über das Privatvermögen und die Produktionsmittel.

Selbstverständlich hat dieser Liberalismus auch Nachteile:

- Leistungsschwache werden vernachlässigt,
- Konjunkturschwankungen sind an der Tagesordnung,
- Monopole können Preise festlegen,
- Umweltverschmutzung wird billigend in Kauf genommen,
- Massenarbeitslosigkeit in Konjunkturkrisen.

Tz. 160

soziale Marktwirtschaft

Um die soeben genannten Nachteile abzufedern, hat sich die soziale Marktwirtschaft durchgesetzt. In dieser wird der liberalistische Markt mit dem Prinzip des sozialen Ausgleichs verbunden. Dies zeigt sich u. a. in folgenden Bereichen:

- **Wettbewerbspolitik**
  Auf diese Komponente wird in Kapitel IV.4 (Tz. 164 ff.) gesondert eingegangen.
- **Einkommenspolitik**
  Der soziale Ausgleich zeigt sich darin, dass diejenigen, die kein Einkommen erzielen, auch am erwirtschafteten Sozialprodukt teilhaben können. Dies spiegelt sich nicht nur in Sozialleistungen wider, sondern auch in abgeschwächter Form in der Steuerpolitik. Der progressive Einkommensteuersatz führt beispielsweise dazu, dass Leistungsstarke prozentual mehr Steuern zahlen müssen als Leistungsschwache.

- **Vermögenspolitik**
  Nicht nur auf der Einkommens- sondern auch auf der Vermögensebene greift der Staat ein. Dies zeigt sich beispielsweise in der Erbschaft- und Schenkungsteuer. Hier findet eine Abschöpfung des Vermögens statt, deren Höhe sich nach Verwandtschaftsgrad und Höhe des Vermögens richtet.
- **Strukturpolitik**
  Durch die staatliche Strukturpolitik werden der Ausbau der Infrastruktur, die Förderung von Bildung und Wissenschaft sowie der Technologietransfer vorangetrieben.
- **Wachstumspolitik**
  Das wirtschaftliche Wachstum wird durch den Staat teilweise gezielt gefördert. Dies geschieht durch sektorale (z. B. alternative Energien) oder durch regionale (z. B. in den Neuen Ländern) Förderprogramme.
- **Konjunkturpolitik**
  Durch staatliche Maßnahmen sollen Schwankungen des Wachstums und der Beschäftigungsquote ausgeglichen werden. Dies geschieht beispielsweise dadurch, dass in Krisenzeiten Staatsaufträge mangelnde private Nachfrage ersetzen sollen. In Hochphasen sollte die öffentliche Hand durch Ausgabenkürzungen, Steuer- und Leitzinserhöhungen konjunkturellen Überhitzungen vorbeugen bzw. diese dämpfen.
- **Sozialpolitik**
  Die Sozialpolitik spiegelt sich in vielerlei Facetten wider. So soll das Sozialversicherungssystem in Form der Kranken-, Pflege-, Unfall- und Rentenversicherung soziale Härten ausgleichen. Wenn dies nicht gelingt, greifen die Mechanismen des Sozialhilfesystems. Außerdem sind Arbeitsschutz- und Mitbestimmungsgesetze Ausflüsse der Sozialpolitik. Auch der Umweltschutz kann zum Bereich der Sozialpolitik gezählt werden.

Tz. 161

Ziele der Marktwirtschaft

Die Verwirklichung folgender Ziele wird in der sozialen Marktwirtschaft angestrebt:

- **Allokationsziele**
  - Umweltschutz
  - Wettbewerbsschutz
  - Versorgung mit öffentlichen Gütern
- **Distributionsziele**
  - Einkommensangleichung
  - Vermögensangleichung
  - Förderung bestimmter Technologien
- **Stabilitäts- und Wachstumsziele**
  - Preisniveaustabilität
  - Vollbeschäftigung
  - außenwirtschaftliches Gleichgewicht
  - Wirtschaftswachstum
- **nachrangige Ziele**
  - Veränderung der Bevölkerungsgröße (Familien- und Zuwanderungspolitik)
  - Anheben des Bildungsniveaus der Bevölkerung
  - Verbesserung des Gesundheitszustands der Bevölkerung (z. B. Vorsorgeuntersuchungen, Suchtbekämpfung)
  - Sicherheit (z. B. Terrorismusbekämpfung)

Es liegt in der Natur der Sache, dass sich die Gewichtung der Ziele aufgrund von politischen Trends stetig verschiebt.

3.2 Zentrale Planwirtschaft

Tz. 162

Das Gegenmodell zur freien Marktwirtschaft ist die zentrale Planwirtschaft. Deren Merkmale sind: Zentrale Planwirtschaft

- zentrale Planung und Kontrolle des gesamten Wirtschaftsgeschehens,
- kein Privateigentum an Produktionsvermögen (stattdessen Kollektiveigentum),
- zentrale Verteilung der Produkte,
- Preise für Güter und Dienstleistungen und Löhne werden zentral festgelegt,
- Planerfüllung ist oberstes wirtschaftliches Ziel.

Tz. 163

Auch die zentrale Planwirtschaft bietet gegenüber der freien Marktwirtschaft einige Vorteile: Vor- und Nachteile

- wirtschaftlich Schwache werden nicht benachteiligt,
- alle Ressourcen werden verplant,
- keine Arbeitslosigkeit,
- keine Konjunkturschwankungen,
- Güter des Grundbedarfs (Nahrung, Wohnung usw.) können günstig angeboten werden.

Natürlich gibt es auch bei diesem System Nachteile:

- Planungsbehörde kann kaum das ganze Marktgeschehen überblicken,
- teilweise verzögerte Reaktion auf Marktnachfragen (Stichwort: Jahresplan),
- freie Wahl von Beruf und Arbeitsplatz ist eingeschränkt,
- Auswahl an Konsumgütern ist naturgemäß eingeschränkt,
- kaum Investitionsanreiz für die privaten Haushalte.

4. Regelungen gegen Wettbewerbsbeschränkungen

Tz. 164

Wie bereits in Tz. 136 erwähnt, kann der Staat durch sein Eingreifen die Marktergebnisse verbessern. Dieses Eingreifen kann dann erforderlich sein, wenn sehr wenige Akteure den Markt beherrschen, also insbesondere auf der Angebotsseite eine Konzentration feststellbar ist. Dies kann ein Monopol oder ein Oligopol zur Folge haben. Das Problem des Monopols ist, dass der einzige Anbieter die Preise quasi im Alleingang bestimmen kann, während bei einem Oligopol die Gefahr der Wettbewerbsabsprachen zwischen den Anbietern besteht. Monopol und Oligopol

Tz. 165

Zentrales Instrument zur Bekämpfung von Wettbewerbsverzerrungen ist das Gesetz gegen Wettbewerbsbeschränkungen (GWB). Dieses enthält Regelungen betreffend GWB

- dem Verbot und der Kontrolle bestimmter Wettbewerbsbeschränkungen (Kartellverbot),
- den Missbrauch marktbeherrschender Stellungen,
- der Kontrolle von Unternehmenszusammenschlüssen (Zusammenschlusskontrolle),
- der Organisation und dem Verwaltungsverfahren der Wettbewerbsbehörden, insbesondere des Bundeskartellamtes sowie
- dem Vergaberecht.

Tz. 166

§ 1 GWB

Insbesondere dem Kartellverbot des § 1 GWB wird in Prüfungsaufgaben zentrale Bedeutung zugemessen. § 1 GWB lautet:

„Vereinbarungen zwischen Unternehmen, Beschlüsse von Unternehmensvereinigungen und aufeinander abgestimmte Verhaltensweisen, die eine Verhinderung, Einschränkung oder Verfälschung des Wettbewerbs bezwecken oder bewirken, sind verboten."

Art. 81 des EG-Vertrages

Das europarechtliche Pendant zu § 1 GWB findet sich in Art. 81 des EG-Vertrages. Zum 1. 7. 2005 ist die 7. GWB-Novelle in Kraft getreten, wodurch eine fast vollständige Angleichung an die Regelungen des EU-Kartellrechts erzielt wurde. Im Laufe der Zeit wurde eine Reihe von Sonderregelungen, die in den §§ 4 bis 18 GWB geregelt waren, aufgehoben.

Tz. 167

horizontale und vertikale Kartelle

Die kartellrechtlichen Regelungen unterscheiden zwischen horizontalen und vertikalen Beschränkungen. Horizontal sind alle Wettbewerbsbeschränkungen, die sich auf der gleichen Ebene der Wertkette befinden. Vertikal sind dagegen Wettbewerbsbeschränkungen, die sich entlang der gesamtwirtschaftlichen Wertkette, also vom Lieferanten bis zum Abnehmer, abspielen.

ABB. 8: Horizontale und vertikale Beschränkungen

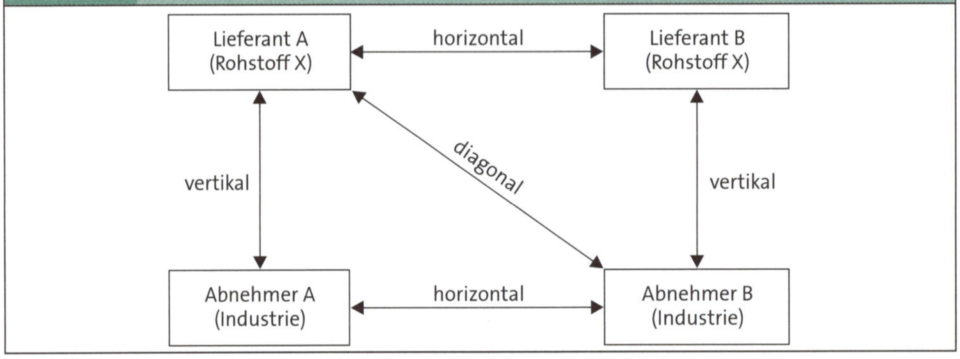

Tz. 168

Kartellarten

Es werden u. a. folgende Arten von Kartellen unterschieden:

Kartellart		Beschreibung
Preiskartell	→	Die Mitglieder treffen Preisabsprachen.
Kalkulationskartell	→	Die Mitglieder errechnen ihr Angebot auf der gleichen Basis.
Konditionenkartell	→	Die Mitglieder gewähren gleiche Geschäftsbedingungen.
Produktionskartell	→	Den Mitgliedern wird eine bestimmte Produktionsmenge vorgegeben, sodass keine Überkapazitäten entstehen.
Exportkartell	→	Die Mitglieder sprechen sich bei Geschäften ab, die die Ausfuhr betreffen.
Importkartell	→	Die Mitglieder sprechen sich bei Geschäften ab, die den Bezug aus dem Ausland betreffen.
Gebietskartell	→	Die Mitglieder teilen den Markt unter räumlichen Gesichtspunkten untereinander auf.
Strukturkrisenkartell	→	Die Mitglieder passen sich einheitlich einer geänderten Marktsituation an.
Rationalisierungskartell	→	Jedes Mitglied spezialisiert sich auf ein bestimmtes Produkt.
Submissionskartell	→	Die Mitglieder vereinbaren im Vorhinein, wer bei einer Ausschreibung den Auftrag erhalten soll.

5. Selbstverpflichtungen der Unternehmen

Tz. 169

Der Unternehmenserfolg hängt nicht nur von den externen Rahmenbedingungen, sondern auch von den internen Strukturen ab. Der Deutsche Corporate Governance Kodex versucht, diese in normierte Bahnen zu lenken. Der Kodex besitzt über die Entsprechenserklärung gemäß § 161 AktG (eingefügt durch das Transparenz- und Publizitätsgesetz, in Kraft getreten am 26. 7. 2002) eine gesetzliche Grundlage. Corporate Governance Kodex

Mit dem Deutschen Corporate Governance Kodex sollen die in Deutschland geltenden Regeln für Unternehmensleitung und -überwachung für nationale wie internationale Investoren transparent gemacht werden, um so das Vertrauen in die Unternehmensführung deutscher Gesellschaften zu stärken.

Tz. 170

Die Summe aller Maßnahmen, die das regelkonforme Verhalten eines Unternehmens, seiner Organmitglieder (Vorstand, Aufsichtsrat usw.) und der Mitarbeiter umfassen, wird als Compliance bezeichnet. Die Compliance baut im Regelfall auf vier Säulen auf: Compliance

- Identifikation von Risiken
- internes Informationssystem
- internes und externes Kommunikationssystem
- internes Kontrollsystem

In vielen Unternehmen ist mit der Compliance-Organisation ein eigener Compliance Manager betraut. Dieser ist oftmals auch für das Risk Management zuständig.

6. Wirtschaftskreislauf

Tz. 171

Die Grundlagen der Funktionsweise des Wirtschaftskreislaufs wurden bereits in Tz. 137 dargestellt. Die Darstellung beschränkte sich jedoch auf Unternehmungen und Haushalte. In einem vollständigen Modell müssen noch folgende Wirtschaftssektoren mit aufgenommen werden: erweiterter Wirtschaftskreislauf

- Staat (Gebietskörperschaften, Zweckverbände, Sozialversicherungen, ...)
- Banken
- Ausland

Tz. 172

Während die Unternehmungen und Haushalte jeweils eine ökonomische Aufgabe erfüllen (Unternehmungen produzieren, Haushalte konsumieren), erfüllt der Staat zwei ökonomische Aufgaben: Der Staat produziert Gemeinschaftsgüter (Sicherheit, Gesundheit, Bildung usw.) und verbraucht Güter (Straßenbau, Bau von Gebäuden, Rüstungsausgaben usw.). Aufgaben des Staates

Die staatlichen Aktivitäten erstrecken sich somit auf Staatseinnahmen (Steuern, Sozialversicherungsbeiträge usw.) und auf Staatsausgaben (Gehälter öffentlich Bediensteter, Staatsaufträge an Unternehmen, Subventionen, Renten usw.).

7. Volkswirtschaftliche Preisbildung

7.1 Nachfrage und Angebot

Tz. 173

Organisation von Märkten

In Tz. 134 wurde bereits kurz auf das Verhältnis von Nachfrage und Angebot eingegangen. Dies soll nun weiter ausgeführt werden. Der Treffpunkt von Angebot und Nachfrage bzw. von Anbietern und Nachfragern ist der Markt. Märkte sind in verschiedenen Formen vorzufinden: Manche Märkte sind hochgradig organisiert, wie beispielsweise Wertpapierbörsen oder Auktionen. Die meisten Märkte sind dagegen wenig oder gar nicht organisiert.

Unabhängig davon, wie stark ein Markt organisiert ist, wird das Marktgeschehen von Nachfrage und Angebot dominiert.

Tz. 174

Gesetz der Nachfrage

Die Nachfragemenge nach einem Gut oder einer Dienstleistung ist im Wesentlichen vom Preis bestimmt. Die nachgefragte Menge dürfte mit steigendem Preis fallen und mit fallendem Preis steigen. Die Nachfragemenge ist also negativ vom Preis abhängig. Es lässt sich also das ökonomische Gesetz der Nachfrage formulieren:

„Bei ansonsten gleichbleibenden Rahmenbedingungen fällt die nachgefragte Gütermenge, wenn der Preis des Gutes ansteigt."

Nachfragekurve

Die bereits unter Tz. 134 abgedruckte Nachfragekurve zeigt ebenfalls diesen Effekt. Die Nachfragekurve ist jedoch nicht unveränderbar. Handelt es sich beispielsweise bei den in der Nachfragekurve erfassten Gütern um Erfrischungsgetränke, wird die Nachfrage in den Sommermonaten ansteigen – die Nachfragekurve verschiebt sich nach rechts (Nachfragekurve 2 in der folgenden Grafik).

ABB. 9: Anstieg der Nachfrage

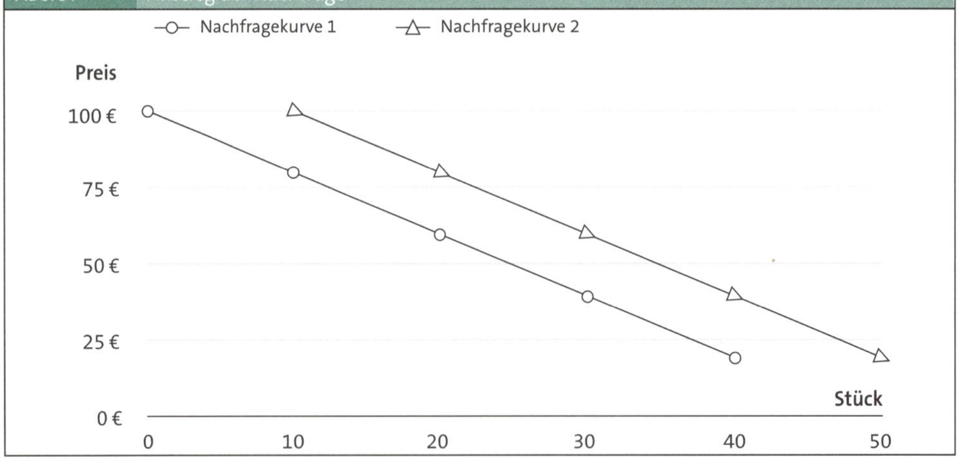

Die Nachfragekurve kann sich neben den dargestellten saisonalen Schwankungen auch aufgrund einer Einkommensveränderung der Konsumenten verschieben. Würde das Einkommen abnehmen, wird sich wohl zwangsläufig auch die Nachfrage reduzieren.

Es gibt jedoch auch Güter, bei denen die Nachfrage mit steigendem Einkommen abnimmt. Man bezeichnet diese Güter als inferior. Beispielsweise dürfte die Nachfrage nach „Billigprodukten" zugunsten von Markenware zurückgehen, wenn die Einkommen steigen.

inferiore Güter

Tz. 175

Auch auf der anderen Seite des Marktes gibt es eine Beziehung zwischen Menge und Preis. Wenn die Marktpreise hoch sind, ist der Verkauf der Produkte lohnender als bei einem niedrigen Preis. Die angebotene Menge wird bei steigendem Marktpreis wachsen und bei fallendem Marktpreis sinken. Die Angebotsmenge ist also positiv vom Preis abhängig. Auch hier lässt sich ein ökonomisches Gesetz formulieren:

Gesetz des Angebots

„Bei ansonsten gleichbleibenden Rahmenbedingungen steigt die angebotene Gütermenge, wenn der Preis des Gutes ansteigt."

Die Angebotskurve verläuft also genau entgegengesetzt zur Nachfragekurve. Die Zunahme des Angebots führt, wenn beispielsweise bei konstanten Verkaufspreisen die Herstellungskosten für Erfrischungsgetränke fallen (Fortführung des Beispiels in Tz. 174), zu einer Verschiebung der Kurve nach rechts (Angebotskurve 2 in der folgenden Grafik).

Angebotskurve

ABB. 10: Anstieg des Angebots

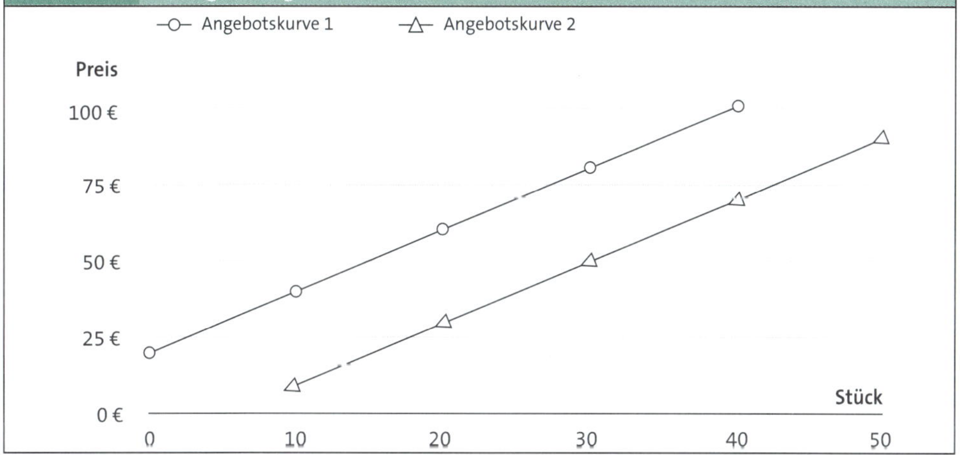

7.2 Funktionen des Preises

Tz. 176

Nach der getrennten Betrachtung von Nachfrage und Angebot werden jetzt beide Kurven gemeinsam betrachtet. Da die Kurven gegenläufig sind, gibt es einen Punkt, in dem sich diese schneiden. Der Schnittpunkt zwischen Nachfrage- und Angebotskurve wird als Marktgleichgewicht bezeichnet. Der hier geltende Preis – in der folgenden Grafik 60 € – ist der Gleichgewichtspreis. Dies bedeutet, dass die Menge, die die Nachfrager kaufen wollen und können, genau der Menge entspricht, die die Anbieter verkaufen wollen und können.

Marktgleichgewicht

ABB. 11: Marktgleichgewicht

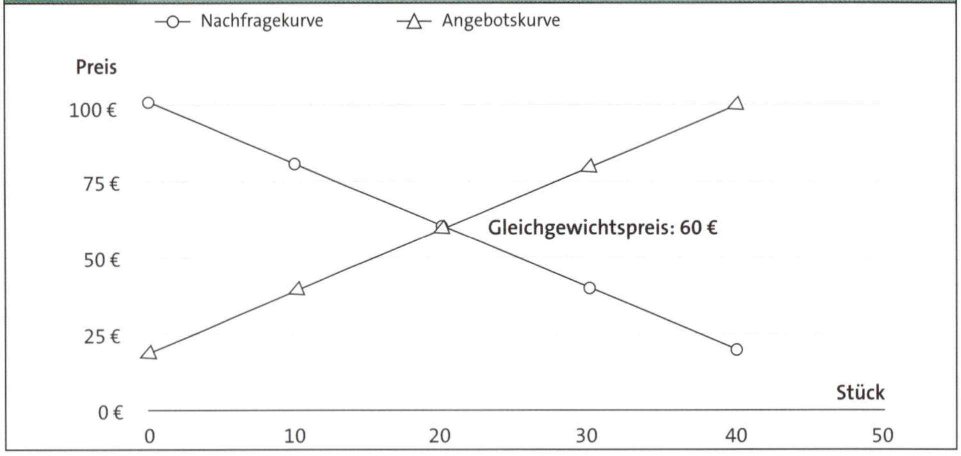

8. Konjunktur und Wirtschaftswachstum

Tz. 177

Konjunkturindikator BIP

Als Konjunktur wird die Gesamtsituation einer Volkswirtschaft bezeichnet. Wichtigster Konjunkturindikator ist das Bruttoinlandsprodukt (BIP). Die Schwankungen in der wirtschaftlichen Entwicklung werden regelmäßig als Konjunkturzyklus bezeichnet. Dieser Begriff ist jedoch nicht ganz zutreffend, da die Schwankungen keinem regelmäßigen, vorhersehbaren Muster folgen. Nichtsdestotrotz wird der Konjunkturzyklus in vier Phasen unterteilt:

Konjunkturzyklus

ABB. 12: Konjunkturzyklus

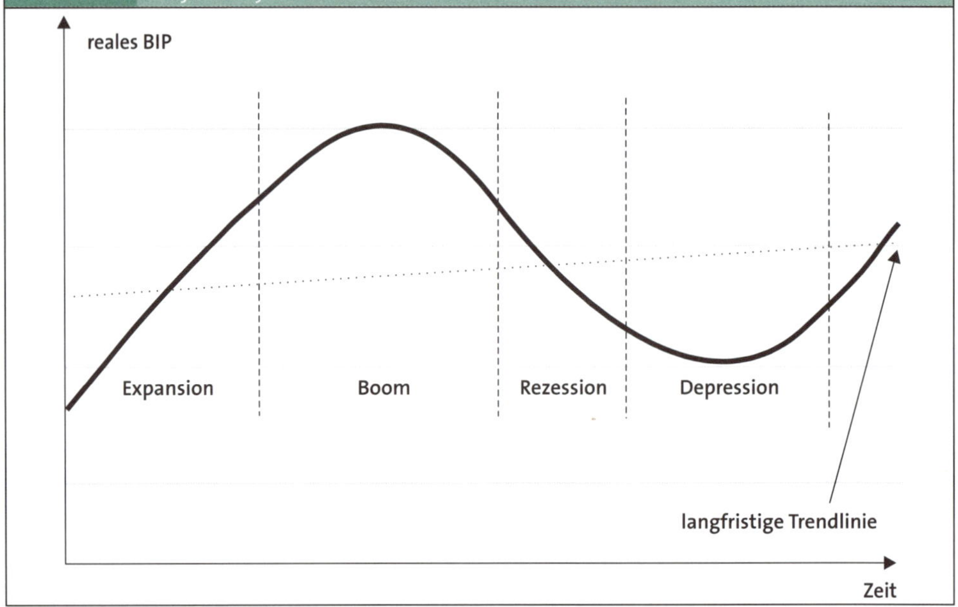

Konjunkturphase	Merkmale
Expansion	sinkende Arbeitslosigkeit, steigende Produktion, steigende Preise und Zinsen
Boom	Vollbeschäftigung, Vollauslastung der Kapazitäten, Preise und Zinsen auf Maximalstand
Rezession	steigende Arbeitslosigkeit, sinkende Produktion, sinkende Preise und Zinsen
Depression	Arbeitslosigkeit auf Maximalstand, Produktion gedrosselt, Preise und Zinsen auf Minimalstand

Tz. 178

Um die wirtschaftliche Entwicklung beurteilen zu können, bedient man sich sog. Konjunkturindikatoren. Diese werden entsprechend ihrem jeweiligen Zeitbezug eingeteilt:

zeitlicher Bezug der Konjunkturindikatoren

- **Frühindikatoren**
  - Aktienindex
  - Auftragseingänge
  - Baugenehmigungen
  - Einzelhandelsumsätze
  - Konsumklimaindex
  - Lagerbestände
  - ...
- **Präsensindikatoren**
  - Beschäftigungsgrad
  - Kapazitätsauslastung
  - Lagerbestände[16]
  - Löhne
  - Preise
  - Sparquote
  - Zinsen
  - ...
- **Spätindikatoren**
  - Arbeitslosenquote
  - Bruttoinlandsprodukt
  - Insolvenzen
  - Steuereinnahmen des Staates
  - ...

16 Lagerbestände sind sowohl ein Früh- als auch ein Präsensindikator.

9. Fiskalpolitisches Instrumentarium

Tz. 179

regulierende Wirkung d. Staats

Zur Abschwächung von Konjunkturschwankungen greift der Staat oftmals zu antizyklischen Maßnahmen. Mittels der Fiskalpolitik wird versucht, die Einnahmen und Ausgaben des Staates so zu gestalten, dass sich die Konjunktur auf einem hohen Niveau stabilisiert.

10. Wirtschaftswachstum und Umweltschutz

Tz. 180

Umweltschutz

Da das Wirtschaftswachstum bei zunehmender Auslastung der Produktionskapazitäten zu erhöhten Emissionen und einer Erhöhung der Abfallstoffmengen sowie zu einem verstärkten Rohstoffverbrauch führt, ist es eine Aufgabe des Staates, Kontrollmechanismen zugunsten des Umweltschutzes zu verankern.

Dies kann durch folgende Verfahren geschehen:

- Emissionsauflagen,
- emissionsabhängige Steuern und Abgaben,
- Subventionen zur Reduzierung von Umweltbelastungen,
- handelbare Emissionsrechte,
- Umwelthaftungsgesetze.

Man spricht in diesem Zusammenhang von zwei verschiedenen dynamischen Anreiztypen:

Anreizsysteme

- **End-of-Pipe-Verfahren:**
  Reduzierung der emittierten Schadstoffmenge am Ende des Produktionsprozesses
- **Integrierte Vermeidungstechnologie:**
  Geringere Schadstoffmenge während des Produktionsprozesses mit geringeren Mengen an Rest- bzw. Abfallstoffen

1.) Unterstellen Sie, eine Gesetzesänderung bewirkt, dass arbeitsfähige Sozialhilfeempfänger nach einem Jahr keine Zahlungen mehr erhalten. Worin kann hier ein Zielkonflikt zwischen Gerechtigkeit und Effizienz bestehen?

FRAGE

Wenn nicht alle arbeitsfähigen Menschen einer Volkswirtschaft arbeiten, ist dies nicht effizient. Der Entfall der Sozialleistungen nach einem Jahr soll also die Effizienz steigern. Die Befristung ist Ausfluss des Gerechtigkeitsziels, da es unfair wäre, arbeitslos gewordenen Menschen keine Frist einzuräumen, in der sie eine neue Arbeitsstelle antreten können (vgl. „Zielkonflikte" in Tz. 132).

2.) Ordnen Sie folgende betriebswirtschaftliche Produktionsfaktoren in Elementarfaktoren und in dispositive Faktoren.

	Elementarfaktoren	dispositive Faktoren
Werkstoffe		
Planung		
Organisation		
Ausführung (menschliche Arbeit)		
immaterielle Betriebsmittel		
Überwachung		

Lösung (Tz. 140):

	Elementarfaktoren	*dispositive Faktoren*
Werkstoffe	*X*	
Planung		*X*
Organisation		*X*
Ausführung (menschliche Arbeit)	*X*	
immaterielle Betriebsmittel	*X*	
Überwachung		*X*

3.) Bei welcher der folgenden betrieblichen Funktionen handelt es sich um eine Querschnittsfunktion?

a) Investitionswirtschaft

b) Produktionswirtschaft

c) Forschungs- und Entwicklungswirtschaft

d) Finanzwirtschaft

Bei a) und c) handelt es sich um Querschnittsfunktionen (Tz. 156).

4.) Nennen Sie jeweils ein Allokations- und ein Distributionsziel.

Der Umweltschutz ist ein Allokations- und die Einkommensangleichung ein Distributionsziel (Tz. 161).

5.) Was ist in § 161 AktG geregelt?

In § 161 AktG ist normiert, dass Vorstand und Aufsichtsrat von börsennotierten Gesellschaften erklären müssen, dass sie dem Deutschen Corporate Governance Kodex entsprochen haben (Tz. 169).

6.) Urteilen Sie, ob die folgenden Aussagen hinsichtlich eines vollständigen Wirtschaftskreislaufs zutreffen.

a) Der Staat leistet Transferzahlungen ins Ausland.

b) Unternehmen erhalten Subventionen vom Staat.

c) Unternehmen finanzieren sich im Wesentlichen von den Konsumausgaben des Staates.

Die Aussagen a) und b) treffen zu (Tz. 137 und 172).

7.) Der Konsum eines bestimmten Gutes steigt, wenn sich das Einkommen der Haushalte verringert. Wie bezeichnet man dieses Gut?

Es handelt sich hierbei um ein inferiores Gut (Tz. 174).

8.) Wie sollte sich der Staat bei einer sich verschlechternden Konjunktur verhalten? Nennen Sie drei Beispiele.

Der Staat kann die Staatsausgaben für Waren und Dienstleistungen sowie die Transferzahlungen an Privathaushalte und die Subventionen an Unternehmen erhöhen (Tz. 179).

Übungsklausur

Gesamte Bearbeitungszeit: 100 Minuten

Aufgabe 1 (45 Minuten)

Der Vorstand der Feuchtgruber AG beauftragt Sie in Ihrer Funktion als Bilanzbuchhalter/in, den vorliegenden Jahresabschluss für 2010 zu analysieren und gegebenenfalls Entscheidungsvorschläge für 2011 zu unterbreiten. Ihnen liegen folgende Unterlagen und Informationen vor:

- Handelsbilanzen für 2010 und 2009 (teilweise aufbereitet)
- Auszüge aus dem Anlagegitter
- Verbindlichkeitenspiegel

Werte in Mio. €	**31.12.10**	**31.12.09**		**31.12.10**	**31.12.09**
Anlagevermögen			**Eigenkapital**		
Immat. Vermögensggst.	70	70	gez. Kapital	300	250
Sachanlagen	900	840	Kapitalrücklage	400	100
Finanzanlagen	300	170	Gewinnrücklagen	250	240
	1.270	**1.050**	Gewinnvortrag	10	0
			Jahresüberschuss	150	120
Umlaufvermögen				**1.110**	**710**
Vorräte	1.380	1.200			
Forderungen	1.170	1.000	**SoPo mit Rücklageanteil**	**20**	**20**
Wertpapiere					
(täglich einlösbar)	90	100	**Rückstellungen**		
flüssige Mittel	80	150	Pensionsrückstellungen	600	480
	2.720	**2.450**	übrige Rückstellungen	220	200
				820	**680**
			Verbindlichkeiten		
			Verbindlichkeiten ggü. Kreditinstituten	340	420
			erhaltene Anzahlungen	580	500
			übr.Verbindlichkeiten	1.120	1.170
				2.040	**2.090**
	3.990	**3.500**		**3.990**	**3.500**

Auszug aus dem Anlagegitter (in Mio. €) gemäß § 268 Abs. 2 HGB

	Anfangs bestand	**Zugänge**	**Abgänge**	**Umbuch-ungen**	**Abschrei bungen kumuliert**	**Abschrei bungen lfd. Jahr**	**Bilanz wert 31.12.10**	**Bilanz wert 31.12.09**
Immat. Verm.ggst.	100	40	5	-	65	(10)	70	40
Sachanlagen	2.000	280	200	-	1.180	(190)	900	840
Finanzanlagen	170	130	-	-	-	-	300	170

Verbindlichkeitenspiegel zum 31.12.2010 (in Mio. €)

	< 1 Jahr	1 – 5 Jahre	> 5 Jahre	gesamt
Verbind. ggü. Kreditinstituten	30	10	300	340
übrige Verbindlichkeiten	980	40	100	1.120
	1.010	50	400	1.460

HINWEIS

Bearbeitungshinweise

a) Ermitteln Sie den Bilanzgewinn zum 31.12.2010. Die Kapitalerhöhung wurde zum 1.7.2010 durchgeführt. Die Aktien sind zu 5 € gestückelt. Für 2009 wurden Ende Juni 2010 insgesamt 100 Millionen € ausgeschüttet.

Es liegt ein Beschluss des Vorstandes und des Aufsichtsrates vor, für 2010 2 € je Altaktie auszuschütten. Die auf Grund der Kapitalerhöhung ausgegebenen jungen Aktien erhalten für 2010 noch 1 € Dividende. Der restliche Gewinn wird den Gewinnrücklagen zugeführt.

b) Erstellen Sie die Strukturbilanz für 2010. Dabei sind die Vorräte mit den erhaltenen Anzahlungen zu saldieren und zu berücksichtigen, dass sich der Sonderposten innerhalb von fünf Jahren auflöst. Die Steuerquote beträgt 40 %.

c) Errechnen Sie den Kaufpreis, den die Erwerber der jungen Aktien im Juli 2010 je Aktie zahlen mussten.

d) Errechnen Sie folgende Kennzahlen für 2010 und kommentieren Sie kurz das Ergebnis:

- die Investitionsquote beim Sachanlagevermögen,
- die Abschreibungsquote beim Sachanlagevermögen,
- den Abnutzungsgrad des Sachanlagevermögens,
- den Anlagendeckungsgrad II (Anlagenfinanzierungsgrad), dabei soll das mittelfristige Kapital einbezogen werden,
- den Cashflow. Hierzu ist der Jahresüberschuss aufgrund der in der Bilanz erkennbaren stillen Reserven zu erweitern.

Aufgabe 2 (8 Minuten)

Errechnen Sie anhand folgender Informationen die Eigenkapitalquote und die Liquidität 2. Grades. Nehmen Sie zu den Ergebnissen Stellung.

liquide Mittel	200.000 €
Forderungen	300.000 €
Vorratsvermögen	500.000 €
Eigenkapital	400.000 €
kurzfristiges Fremdkapital	1.200.000 €
Bilanzsumme	3.000.000 €

Aufgabe 3 (5 Minuten)

Nennen Sie fünf Adressaten einer Jahresabschlussanalyse.

Aufgabe 4 (10 Minuten)

Nennen und beschreiben Sie die drei Säulen von Basel II.

Aufgabe 5 (10 Minuten)

Nennen und erläutern Sie drei Bilanzoptimierungsmaßnahmen im Bereich der Aktivseite für das Rating.

Aufgabe 6 (12 Minuten)

Der Staat versucht regelmäßig, Einfluss auf die Konjunktur zu nehmen. Beschreiben Sie je drei expansive und restriktive fiskalpolitische Instrumente.

Aufgabe 7 (5 Minuten)

Erklären Sie, warum das Einkommen einer Volkswirtschaft deren Ausgaben entsprechen muss.

Aufgabe 8 (5 Minuten)

Was ist Inflation und wodurch wird sie verursacht? Erläutern Sie auch, wie ein stabiles Preisniveau erreicht werden kann.

Lösung zu Aufgabe 1

a) **Ermittlung Bilanzgewinn in Millionen Euro:**

Jahresüberschuss	150
+ Gewinnvortrag	10
- geplante Ausschüttung	
250 Mio. € : 5 € = 50 Mio. × 2 €	100
50 Mio. € : 5 € = 10 Mio. × 1 €	10
Zuführung zu Gewinnrücklagen	50

Der Bilanzgewinn entspricht dem Betrag der geplanten Ausschüttung von 110 Mio. €.

b)

Strukturbilanz 2010 (in Mio. €)

Anlagevermögen		1.270	**Eigenkapital**		
			gez. Kapital + Rücklagen	950	
Umlaufvermögen			Zuführ. Gewinnrücklagen	50	
Vorräte	1.380		Anteil an der SoPo (60 %)	12	1.012
erh. Anzahlungen	580	800			
Forderungen		1.170	Fremdkapital langfristig		
liq. Mittel (inkl. Wertpapiere)		170	Pensionsrückstellungen	600	
			Verbindlichkeiten langfr.	400	1.000
			Fremdkapital mittelfristig		
			Anteil an der SoPo (40 %)	8	
			Verbindlichkeiten mittelfr.	50	58
			Fremdkapital kurzfristig		
			Bilanzgewinn	110	
			übrige Rückstellungen	220	
			Verbindlichkeiten kurzfr.	1.010	1.340
		3.410			**3.410**

c)

Nennwerterhöhung	50 Mio. €
+ Erhöhung Kapitalrücklage	300 Mio. €
	350 Mio. € : 10 Mio. neue Aktien = 35 €

Der Kaufpreis je Aktie betrug 35 €.

d)

Investitionsquote

$$\frac{(\text{Nettoinvestition} \times 100)}{\text{Anfangsbestand zu Anschaffungskosten}}$$

Errechnung der Nettoinvestitionen:

$BW_{31.12.} - BW_{1.1.} + AfA_{\text{lfd. Jahr}}$

= 900 - 840 + 190 = 250

Also:

$$\frac{250 \times 100}{2.000} = 12{,}5\,\%$$

Das Unternehmen hat seine Leistungsfähigkeit durch die Vornahme von Investitionen verbessert. In 2010 übersteigen die Investitionen die Abschreibungen deutlich.

Abschreibungsquote

$$\frac{(\text{Jahresabschreibungen} \times 100)}{\text{Endbestand zu Anschaffungskosten}}$$

$$= \frac{190 \times 100}{2.080} = 9{,}13\,\%$$

Die Abschreibungsquote erscheint mit 9,13 % etwas niedrig. Das Sachanlagevermögen kann jedoch auch einen betrieblichen Gebäudebestand umfassen.

Die Kennzahl umfasst im Nenner auch die voll abgeschriebenen Anlagen. Dadurch ergibt sich ein niedrigerer Prozentsatz.

Abnutzungsgrad

$$\frac{\text{kumulierte Abschreibungen} \times 100}{\text{Endbestand zu Anschaffungskosten}}$$

$$= \frac{1.180 \times 100}{2.080} = 56{,}73\,\%$$

Die errechnete Kennzahl lässt allerdings nicht den Schluss zu, dass bereits mehr als die Hälfte der Nutzungsdauer der betrieblichen Anlagen verstrichen ist, da bei der degressiven Abschreibung der beweglichen Anlagen in der Regel nach dem zweiten (25 %) bzw. dritten (30 %) Ab schreibungsjahr rund die Hälfte der Abschreibungssumme erreicht ist, auch wenn erst ein geringer Anteil der Nutzungsdauer verstrichen ist.

Der Bestand scheint nicht überaltert.

Anlagendeckungsgrad II

$$\frac{(\text{Eigenkapital} + \text{Fremdkapital lang- und mittelfristig}) \times 100}{\text{Anlagevermögen}}$$

$$= \frac{(1.012 + 1.000 + 58) \times 100}{1.270} = 162{,}99\,\%$$

Durch die Kapitalerhöhung ist eine deutliche Überdeckung des Anlagevermögens durch lang- und mittelfristiges Kapital erreicht worden.

Cashflow

Jahresüberschuss	150 Mio. €
+ Abschreibungen auf Anlagevermögen	200 Mio. €
+ Zuführungen zu Rückstellungen	140 Mio. €
= Cashflow	490 Mio. €

Lösung zu Aufgabe 2

Eigenkapitalquote

$$\frac{\text{Eigenkapital} \times 100}{\text{Gesamtkapital}}$$

$$= \frac{400.000\,€ \times 100}{3.000.000\,€} = 13{,}33\,\%$$

Die Eigenkapitalquote erreicht nicht den in der Theorie teilweise anzutreffenden Sollwert von 50 %. Der in der Praxis meist akzeptierte Wert von 30 % bzw. zumindest 20 % wird jedoch ebenfalls nicht erreicht. Der hohe Fremdkapitalanteil von 87 % birgt die Gefahr, dass fällig werdende Zins- und Tilgungsleistungen das Unternehmen nachhaltig in Schwierigkeiten bringen können, insbesondere wenn sich die Ertragslage verschlechtert oder die Zinsbelastung ansteigt. Außerdem besteht die Gefahr, dass der Kreditspielraum bei kurzfristig auftretendem Kapitalbedarf ausgeschöpft ist.

Liquidität 2. Grades

$$\frac{\text{Monetäres Umlaufvermögen} \times 100}{\text{kurzfristiges Fremdkapital}}$$

$$= \frac{(300.000\,€ + 200.000\,€) \times 100}{1.200.000\,€} = 41{,}67\,\%$$

Die amerikanische Bankenregel besagt, dass sich das Umlaufvermögen zum kurzfristigen Fremdkapital wie 2 : 1 verhalten soll. Dieser Wert bezieht jedoch das gesamte Umlaufvermögen in die Betrachtung ein (Liquidität 3. Grades). Bei der Liquidität 2. Grades sollte aber zumindest ein Wert von 1 : 1 (100 %) wird erreicht werden. Da dies nicht der Fall ist, besteht Sorge um die Zahlungsfähigkeit des Unternehmens. Die errechnete Kennziffer hat jedoch nur einen beschränkten Aussagewert, da sie stichtagsbezogen ist. Es könnten in Kürze Zuflüsse stattfinden, jedoch auch Abflüsse in größerem Umfang (z. B. Darlehenstilgung oder Investitionen) erforderlich sein. Der Aussagwert der Kennziffer wäre deutlich höher, wenn sie zu mehreren Zeitpunkten errechnet werden würde.

Lösung zu Aufgabe 3

Die Jahresabschlussanalyse könnte folgende Adressaten haben:

- tatsächliche und potentielle Anteilseigner
- Lieferanten
- Kunden
- Kreditinstitute
- Arbeitnehmer und ihre Vertreterorganisationen
- Unternehmensleitung
- ...

Lösung zu Aufgabe 4

Basel II ist ein Drei-Säulen-Modell:

1. Säule: Mindesteigenkapitalanforderungen

Beim Baseler Akkord I ist das Problem, dass risikoarme Anlagepositionen mit ebenso viel Eigenkapital zu unterlegen sind, wie risikoreiche Positionen. Diese undifferenzierte Behandlung kann Kreditinstitute dazu verleiten, risikoreiche Anlagen überzugewichten. Der Eigenkapitalbedarf entspricht dem risikoärmerer Anlagen, die Rendite ist jedoch größer. Durch die erste Säule des Baseler Akkords II sollen die Risiken bei der Bemessung des Eigenkapitalbedarfs berücksichtigt werden. Konkret werden hier folgende Risiken einbezogen:

- Kreditausfallrisiken
- Marktpreisrisiken
- Operationelle Risiken

2. Säule: Bankaufsichtlicher Überwachungsprozess

Die zweite Säule deckt sowohl die externe als auch die interne Überwachung des Kreditinstitutes ab. Die externe Bankenaufsicht wird in Deutschland durch das BaFin (unterstützt durch die Deutsche Bundesbank) wahrgenommen.

Die interne Überwachung wird durch ein bankeigenes Risikomanagementsystem ausgeübt. Dieses soll proportional zu den eingegangenen Risiken der Bank ausgestattet sein. Je größer also das Anlagerisiko ist, desto ausgeprägter muss auch der bankinterne Überwachungsprozess sein.

3. Säule: Erweiterte Offenlegung

Außerdem wurden durch Basel II die Offenlegungsanforderungen für Kreditinstitute erhöht. So sind in den §§ 340 bis 341 p HGB zahlreiche Sonderregelungen zu Ansatz und Bewertung, aber auch zu Gliederung und Ausführlichkeit des Anhangs zu finden. Durch diese erhöhten Rechnungslegungsvorschriften für Kreditinstitute soll die Transparenz und damit die Aussagekraft des Jahresabschlusses erhöht werden. Hierdurch erhofft sich der Baseler Ausschuss eine Selbstdisziplinierung der Kreditinstitute.

Lösung zu Aufgabe 5

Bestandsoptimierung der Roh-, Hilfs- und Betriebsstoffe

Es kann versucht werden, durch eine Optimierung der Bestellmengen, der Losgrößen und der Durchlaufzeiten einen niedrigeren Lagerbestand zu erreichen. Unterstellt man, dass der Lagerbestand durch kurzfristiges Fremdkapital finanziert wird, verringert sich nicht nur dessen Bestand, sondern auch die Bilanzsumme. Eine geringere Bilanzsumme führt zu einer Erhöhung der Leistungszahlen der Jahresabschlussanalyse, insbesondere auch zu einer Erhöhung der Eigenkapitalquote.

Leasing

Wird das Leasinggeschäft steuerlich anerkannt, wird der Leasinggegenstand dem Leasinggeber zugerechnet. Hierdurch wird für den Leasingnehmer Bilanzneutralität erreicht: Es erfolgt weder ein Aktivausweis des Leasinggutes noch eine Passivierung von Verbindlichkeiten. Dies verringert zum einen die Bilanzsumme, zum anderen wird der Verschuldungsgrad gesenkt und die Anlagendeckungsgrade I und II werden im Vergleich zum fremdfinanzierten Kauf günstiger.

Factoring

Factoring steigert die Liquidität eines Unternehmens. Darüber hinaus kann es positive Auswirkungen auf die Lieferanten-/Kundenbeziehungen haben, denn diese werden nicht durch den Forderungseinzug belastet. Es kann bei den Kunden jedoch auch der Eindruck erweckt werden, dass das Unternehmen in Liquiditätsschwierigkeiten steckt.

Werden nach Eingang der Mittel aus dem Factoring unmittelbar Verbindlichkeiten abgebaut, wirkt dies wieder vermindernd auf die Bilanzsumme.

Lösung zu Aufgabe 6

Expansive, also nachfragesteigernde fiskalpolitische Instrumente sind:

- Senkung der Steuerbelastung

Durch eine Senkung der Steuersätze, insbesondere im ertragsteuerlichen Bereich, wird erreicht, dass die Unternehmen mehr Geld zur Verfügung haben, um Investitionen zu tätigen. Darüber hinaus stehen durch Steuersenkungen den privaten Haushalten mehr Mittel für den Konsum zur Verfügung.

- Ausbau der Sozialleistungen

Werden die Transferleistungen an die privaten Haushalte erhöht, steht diesen mehr Geld für Konsumausgaben zur Verfügung. Hierdurch wird die private Nachfrage gestärkt.

- Vergabe öffentlicher Aufträge

Bei sinkender privater Nachfrage, kann der Staat öffentliche Aufträge vergeben, um so die Konjunktur zu beleben. Hierdurch soll ein Multiplikatoreffekt ausgelöst werden, da die Unternehmen nun mehr Geld zur Verfügung haben, um Investitionen zu tätigen.

Restriktive, also nachfragesenkende fiskalpolitische Instrumente sind:

- Anhebung der Steuerbelastung

Durch die Anhebung der Ertragsteuersätze stehen den Unternehmen, aber auch den privaten Haushalten weniger Mittel für Investitionen bzw. Konsum zur Verfügung. Hierdurch sinkt die Nachfrage. Dieser Effekt kann auch durch eine Anhebung des Mehrwertsteuersatzes erreicht werden, wobei diese Maßnahme aufgrund der fehlenden Vorsteuerabzugsmöglichkeit verstärkt die privaten Haushalte trifft.

- Abbau der Sozialleistungen

Durch einen Abbau der Sozialleistungen verringert sich das Einkommen (bestimmter) Bevölkerungsschichten. Diese können dann weniger konsumieren.

- Verringerung öffentlicher Aufträge

Werden weniger staatliche Aufträge vergeben, führt dies auch zu einer Nachfragesenkung. Diese wiederum kann eine Einkommensreduzierung der privaten Haushalte zur Folge haben.

Lösung zu Aufgabe 7

Jede Transaktion in einer Volkswirtschaft – unabhängig davon, ob ein Haushalt, eine Unternehmung oder der Staat ein Gut erwirbt bzw. verkauft – hat zwei Seiten: einen Verkäufer und einen Käufer. Dies bedeutet, dass jede Geldeinheit, die von einem Käufer ausgegeben wird, von einem Käufer eingenommen wird. Die Ausgaben entsprechen somit zwangsläufig dem Einkommen.

Lösung zu Aufgabe 8

Inflation ist der Anstieg des Preisniveaus einer Volkswirtschaft. Hauptursache ist ein zu schnelles Anwachsen der Geldmenge, das den Geldwert – also die Gütereinheiten je Geldeinheit – sinken lässt. Ein stabiles Preisniveau ist dann erreicht, wenn die Wachstumsrate der Geldmenge die Wachstumsrate der Produktivität nicht übersteigt.

STICHWORTVERZEICHNIS

Die angegebenen Zahlen verweisen auf die Textziffern (Tz.).

W

Z